U0040197

世界第一簡單
分子生物學

武村　政春／作者

連程翔／譯者

台大昆蟲學系與生物科技研究所
合聘副教授　張俊哲博士／審訂

咲良／漫畫

BECOM株式會社／製作

　　分子生物學，是一門專門研究肉眼看不見之微小世界的生物運作學問。基因（gene）在分子生物學中扮演著重要角色，但別說肉眼，即使用顯微鏡，也難以觀察。

　　分子生物學的研究人員，有的在大學、研究所，有的在工廠實驗室內，每天進行著許多實驗。根據這些實驗所得的數據，來推測DNA、蛋白質，以及RNA的作用，再利用導出之模型，幫助人們理解。

　　根據數據，提出學說，雖然沒有那麼困難（其實還蠻困難…），但是真正困難的一點，是要把分子生物學的領域，以容易瞭解的方式，介紹給非專業人士，藉此善加傳達世界的真實面貌。

　　如同上述，由於不是以肉眼直接可見的世界，所以在這個知識領域中，會有許多知識是屬於「從實驗數據推論得到的知識」。這些知識，是不是真的可以把分子生物世界中所發生的事，在不造成誤解的情況下，正確傳達給大家？若仔細考慮，答案或許幾乎是不可能的任務。因為，即使是處在「傳達者」這個位置的我們，都還有許許多多的問題未能得到解答。

　　本書主角是取名自擬似某種化學物質的春日亞美（「胺基酸」諧音）及夏川凜（「RNA」諧音）兩個大學生。這二位為了「分子生物學」的補課，來到毛呂教授小島上的研究所，由帥哥助教一門後輝，透過分子生物學的「虛擬體驗」學到各種知識。這些虛擬體驗，是研究人員在研究過程中，提出作業假說的模型，也就是發表研究成果時所用的模型。肉眼看不見，手也摸不著，亞美和凜二人，就這樣一邊參考模型，一邊展開了窺視分子生物學知識全貌的旅程。

　　由於是用推理模型，以期達到一窺分子生物學全貌的目的，本書中有許多「要正確地傳達資訊就必須那樣描寫，但為了使讀者容易了解，就不妨大膽地這樣畫吧！」的部份。此外，如 DNA 複製、基因轉錄、蛋白質合成等情形，並非如

同本書所描寫「單純的」反應。實際上分子生物學的世界，更爲複雜，還有許多未知的現象。關於這一點，敬請讀者務必銘記在心。但是只要能讓讀者感受到分子生物學的世界，本人認爲，應該就已經達到出版本書的一半目的了！

話雖如此，分子生物學確是一門深奧的學問。無論在醫學、農學、工程學等應用科學，或是物理、化學、地理地質學，當然，還有生物學等基礎科學，分子生物學都是不可或缺的一環，和我們的日常生活也是緊密結合的！而且，從 20 世紀末到本世紀，由於急遽增加的研究成果，分子生物學的範圍，越來越廣，個別研究人員若想要涵蓋所有領域的知識，也就日趨困難。

因此，本書所能涵蓋的，並無法超過分子生物學的基本資訊。讀者若眞心想瞭解分子生物學的全貌，還請務必在本書之外，廣加涉獵，應能更饒富趣味。

最後，本人要感謝 Ohm 社出版開發部門的諸位、編出優良劇本的前田 MASAYOSHI 老師、用出色漫畫表現複雜分子世界的咲良老師。最重要的，更要向閱讀本書的各位讀者們，藉此機會，表達本人深刻的感激之情。

2008年　武村政春

分生，別怕！

回想生平第一次上分子生物學的課程，可追溯到大四的某天。依稀記得當天近午時刻，一位讀研究所的學長用吆喝與略帶恐嚇的語氣，催逼我和另外一位同學一定要去修這門課。我們趕緊在上課鐘響前衝到生技中心，一探學長口中那個「既熱門」，又有點「神聖不可侵犯」的「分生」，到底是門什麼樣的學問。猶記進到了教室後，人山人海，根本找不到位子可坐，只能慶幸走道的階梯尚有空位。在燈光轉暗後，我心跳開始加速，期待從教授的投影片還有他的演講獲得令人興奮的科學新知。很不幸地，大概到了第十張投影片左右，我的腎上腺素迅速下降，瞌睡指數開始攀升。然而，我強忍著不敢睡著，因為那無疑地告訴身旁的學長和同學：我聽不懂分生，我不夠水準！但是我很清楚地記得，下一週之後我再也沒回到分生的課堂報到了。

沒有想到，二十年後的我，竟然會站在講台上擔任分生的教學工作。讓我驚訝的是，過了二十年，分子生物學在很多同學的心中，仍是那個「既熱門、又神聖不可侵犯」的學門。要不是因為它仍是口耳相傳的「熱門課程」，以及它是許多學系的必修課，我敢說選課的人數一定大幅下降。因為在為數不少的同學心中，分生是門充滿縮寫名詞，需要強背死記才有辦法應付的無聊科目。坦白而言，我心中對他們充滿悲憐，因為我二十年前就有相同的失落感、挫折感。而在過去二十年當中，分生研究以驚人的速度進展，被發現的基因與調控因子千百倍於二十年前；因此每本教科書的份量無不逐版遞增，早已超過同學腦部的負荷，難怪學習的「痛苦指數」也急遽上升！

然而，我相信許許多多和我曾經在分子層次探究過生命現象的老師，一定深深地被那迷人的分子機制所吸引過，覺

v

得再也沒有比這樣的科學更令人心動了！很可惜，有太多的同學來不及享受一窺分子層次的生命奧秘，便在上完分生後正式和分生「訣別」。更甚者，有些同學在前輩的抱怨聲中，對分生「敬而遠之」，深怕讀了「分生」，就會「分身乏術」！非常慶幸地，由武村政春博士所著的《世界第一簡單分子生物學》，同學們可從生動的漫畫、俏皮的對白、以及深入淺出的觀念解析，重新來認識分生。事實上，分生絕不是「世界第一簡單」的科目，但是錯誤的學習方式與認知上的偏差，很輕易就會把它變成一門「世界第一令人討厭」的科目，尤其當它還是必修課的時候。與其說武村博士要把分生變為「世界第一簡單」，還不如說他真正的目的是要告訴大家：分生是門「世界第一有趣」的課程。

這本書令人激賞之處，不僅僅在於將看似複雜的分生原理以動漫的方式呈現，整本書還把「分生」與「細胞」結合得那樣恰到好處，使初學者在認識基因時，不是認識那裸露孤單的雙螺旋 DNA，而是看到基因在細胞這個微小的宇宙中，如何精準而優雅地發出訊號，調控細胞的命運。這也正是我經常苦口婆心地勸同學務必要學「細胞的分子生物學（molecular biology of the "Cell"）」，而非「試管的分子生物學（molecular biology of the "Tube"）」的原因。不騙大家，為數不少的同學在讀了半學期的分生後，受到教科書一頁接一頁簡圖的影響，以為分子層次的生命現象盡是些直線（DNA、RNA）與橢圓（蛋白質）的加加減減與排列組合，愈讀愈索然無味。但我有充足的信心，同學們和小凜、亞美（漫畫中兩位要補課的大學生）、門後輝（帥氣的助教）一起搭乘「細胞膜通過專車」，在細胞內外穿梭後，一定會充分明白DNA 為什麼可以讓細胞核成為「細胞的司令部」，以及製造蛋白質的指令如何藏在 DNA 的設計圖當中，「見證」令人驚歎的生命現象。重要的是，這樣棒的分子機制正時時刻刻運轉在你我的細胞中！

請別認為這本書只是將基礎的分生原理「置入行銷」於動漫之中。當您細讀內容，您將會驚訝地發現，它連複雜的基因轉殖動物製程，以及這幾年最熱門的「RNA 干擾（RNA interference；RNAi）」原理都納入「劇情」，可見原作者之用心良苦。當然一本會令人愛不釋手的動漫，感人的劇情自然是不可少的元素。本書雖爲「科學的動漫」，自也不例外。劇中的「毛呂教授」以其將殘的生命，奉獻給兩位因蹺課而需補課的大學生（精彩完結篇在此忍住不講），這種雖知其「幾乎」不可爲而爲之的情操，令人動容！回想二十年前從分生課程逃脫，二十年後變成熱愛分生又教分生的老師，眞要感謝國內外幾位「毛呂教授們」的循循善誘。然而，在眞實世界中能和我一樣有幸遇到好幾個「毛呂教授」，將我們從學習的懸崖救回來的人，又有幾希？謹希望虛擬世界中的「毛呂教授」能幫助莘莘學子從懼怕分生，進而喜歡分生。如果在闔上整本書後，同學們能士氣高昂地走向分生實驗的操作檯（bench），戮力解開那迷人生命現象背後的秘密，那就太令人欣慰了！

寫於 2011 年 1 月 11 日，分生期末考的前夕。

目 錄

4

我們要去！

南國風光耶～

寂靜… 荒涼一片

…

無聲

……

根本就不一樣嘛！上當了啦！

那Ａ安捏～

只要是島就好了嘛！

好了啦
好了啦

老一師～
我們到囉。

悄然打開

午安，
那麼，請進吧！

好大的
研究所

毛呂博士是分子生物學的頂尖學者，擁有多項專利，專利所得就是用在蓋這間研究所。

專…
專利？

這裡所有的東西？

這裡這裡

喀擦

兩位終於來啦。

毛呂老師！

我現在有點事還要忙，所以補課就先交給門後助理了。

真幸運！♪

但是，關於學習分子生物學的意義爲何，就由我先來說明吧。

請問兩位，妳們知道我手上這杯水是由什麼組成的嗎？

嗯…雨？

呃…這麼說也沒錯啦…可是我問的不是這個。

冰字去兩點！

有了～

不是叫你猜謎！請認真作答！

博士別氣，她們兩位有認真地回答喔。

打圓場…

沮喪～

嗚嗚～虧我還幫她們想那麼多……

可是，分子在做些什麼事，有那麼重要嗎？

亞…亞美！妳也講得太直接了吧！

不，這是個好問題

哦！？那麼如果好好研究分子的話…

現在的疑難雜症，也許就會有治癒的可能喔。

也許不重要，但是隨著醫學進步的結果，已經知道的是——

生病時，細胞內分子的型態、作用會有不正常的現象發生。

喔喔喔喔喔…

感動　感動

解說

嗯哼

在這裡，先教妳們分子生物學中重要的關鍵詞吧！

底下這 5 個詞，請好好記住：

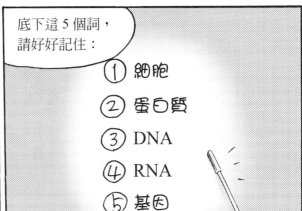

① 細胞
② 蛋白質
③ DNA
④ RNA
⑤ 基因

這次的補課內容：
所謂的「蛋白質」，
是怎樣的分子，如何生成，
以此爲一大主題！

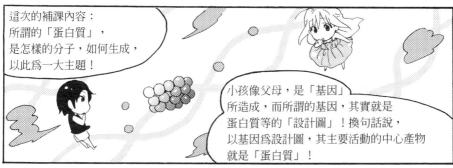

小孩像父母，是「基因」所造成，而所謂的基因，其實就是蛋白質等的「設計圖」！換句話說，以基因爲設計圖，其主要活動的中心產物就是「蛋白質」！

基因也是分子嗎？DNA、RNA又是什麼呢？這次補課，會用淺顯易懂的方式，以這些物質爲主，解說乍看之下艱深難懂的分子生物學世界！

① 細胞
② 蛋白質
③ DNA
④ RNA
⑤ 基因

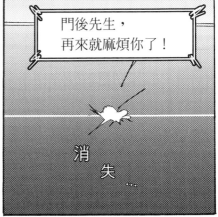

門後先生，
再來就麻煩你了！

消

失…

11

毛呂教授
不見了！

好像
真的很忙喔。

DNA、RNA 什麼的，
果然還是
很難的樣子…

別擔心，現在還
不知道這些詞的意思，
也沒關係喔。

總之，從現在起，
只要聽到這些關鍵詞，
請務必專心聆聽。

是！

那麼就一起到
讀書室吧。

就是這間房間。

嘰

…這是
什麼呀！?
好炫！

……！

第 1 章

細胞是什麼呢？

① 細胞是活的小袋子

❖ **所有生物都來自於細胞**

首先，就你們所知的分子
生物學，回答我的幾個
問題吧。

在我們的身體中，
有某種東西，是由
許多分子聚集而成。

這個東西，
是我們作為生物，
最低限度必須具備的，
知道是什麼嗎？

許多分子聚集而成的
東西…大分子？

亞美…你還真是
單細胞耶…

什一麼一嘛！

欸…？

厲害！答得好！
二位都答對了！

16

這…這是什麼!?

哇啊啊啊啊!

軟木塞？
紅酒瓶口塞住的那個東西？

因為我們把自己的身體變小，所以看起來很大，這是軟木塞。

是的，正是如此。
軟木塞是由許多這些小格子聚集而成。

因為小輝等人變小了，所以他們看見的軟木塞就像這樣。

17世紀時，利用自己製作的顯微鏡觀察軟木塞，並將對這些小格子命名為「細胞（cell）」的人，是英國的科學家，羅伯特‧虎克先生，

因為軟木塞是已經死掉的植物組織，所以虎克最先看到的，是已死亡的細胞壁。

羅伯特‧虎克
（Robert Hooke，
1635～1703年）

利用燈光和透鏡讓光線集中的虎克顯微鏡

會自己製作顯微鏡，虎克好厲害！

不不…
馬上就「發現」和吃的有關，才厲害呢！
妳真是單細胞啊！

像阿米巴原蟲和細菌之類的單細胞生物，只有一個細胞，不是也能活著嗎？

這倒也是…原來如此…

將由人體取出的細胞放在實驗室中培養，可以好端端地生存一段時間。

只有一個細胞也可以活著，有點無法理解…

但是啊，其中也有些會馬上死亡的細胞哪…

真是個大忙人呢。

那就這樣，我先走一步…

消失！

「馬上死亡」，教授說這句話時的聲音——怎麼有些哀傷的感覺…

這麼說來，「活著」，究竟是怎樣的狀態呢…

❖ 細胞由各種分子所組成

　　細胞其實是由各式各樣的分子組合而成的。

　　從大的分子到小的分子，多如繁星般的各式各樣分子，彼此互相連結，進行反應而結合，從而製造出所謂細胞這個社會。

　　屬於大分子的包括：核酸、蛋白質、脂質、多醣類等。

　　屬於小分子的則包括：水、胺基酸、鹽基、無機質等。

　　還記得在本書的序曲中提到：「細胞的活動中心是**蛋白質**」這段話嗎？

　　蛋白質這種大分子，是由 20 種**胺基酸**的小分子，或多或少地相互連結而成。隨著胺基酸連結方式的不同，形成具有不同性質的蛋白質。這些不同種類的蛋白質，各執行其相對應的工作。有賴於此，我們的細胞才可以活下去。

　　另外，所謂的**核酸**，後面將會說明，是會形成基因的物質。

　　脂質，後面也會談到，則是包覆於細胞表面之細胞膜的重要成分。

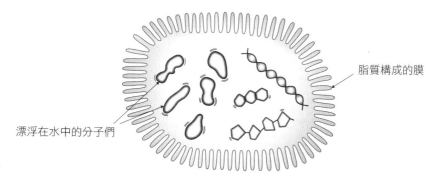

漂浮在水中的分子們

脂質構成的膜

細胞內有許多分子漂浮著

　　醣類，稱為碳水化合物。「米飯和義大利麵等都是碳水化合物」，您應該聽過這樣的說法吧？依照這句話，醣類是這類食物中含有的能量來源，在細胞中的含量也非常豐富。

　　事實上，如果將細胞極度簡化，大致來說，就可以看到許多分子漂浮在水裡面的狀態，外圍則是由脂質構成的膜包覆著。

❖ 肉眼可見的巨大細胞

以上都在談論只有顯微鏡才看得到的世界。但是，一般家庭不是沒有顯微鏡嗎？細胞等肉眼看不見的東西，當然沒辦法去瞭解。

如果您是這樣想的，請打開冰箱的冷藏庫。我想大多數的冷藏庫都一樣吧，在冰箱門的內側，應該有放著白色橢圓形、直徑約數公分的「食物」。是的，我說的就是蛋。您每天都會食用的蛋。事實上，蛋，就是一個細胞唷！

如果提到為什麼會這般巨大的話，那是因為被稱為「蛋黃」的部分多得誇張的緣故。這是多麼大的細胞啊！這樣一來，不用顯微鏡也可以看到了吧！

❖ 人體內最長的細胞

那麼，接下來我們來看人體內的細胞，如果要在某限定時間內觀察人體表面，會讓人發現「啊！這就是 1 個細胞啊」的細胞並不存在。但是，人體內存在著形形色色的細胞，從型態、大小到功能，彼此相異的細胞們，有些會變得非常狹小，以符合擁擠的空間。

通常假如沒有顯微鏡，就沒辦法看見細胞這樣的說法，容易讓人認為細胞的大小就應當是以微米作為單位。事實上，我們體內還有著可與人體身高相等，很長很長的細胞，那就是「神經細胞」。神經細胞是人體細胞的一種，正如其名，就是形成體內神經的細胞；這種細胞的外型非常奇特，乍看之下，好像從科幻小說裡逃出來的宇宙人一般。

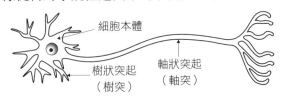

神經細胞是由大大的「細胞本體」與「突起」所構成。細胞本體有向外側突起的樹狀突起。軸突則是負責傳導神經興奮的通道。我們體內有許多具有長軸突的神經細胞，這點請諸位記住。

② 到細胞裡面一窺究竟吧！

接下來，我們終於要進行細胞構造及功能的探險之旅了。

細胞質（cytoplasm）

溶小體（lysosome）

中心體（centrosome）

細胞核（nucleus）

核仁（nucleolus）

平滑內質網（smooth endoplasmic reticulum）

核糖體（ribosome）

粗面內質網（rough endoplasmic reticulum）

粒腺體（mitochondria）

高基式體（Golgi body）

細胞的概圖就畫在這裡，首先請兩位仔細地觀察。

哇！有好多東西放在裡面呢！

真的耶⋯有些像球一樣，圓圓的東西，有些是像窗簾一樣，飄飄的東西⋯

哇—

❖ 一起穿透細胞膜吧

…我說啊，
這個交通工具～

彈～

彈～

彈～

彈～

怎麼有點軟趴趴、
又有一粒一粒的疙瘩？
跟細胞一樣，
有點噁心說～

沒錯，正是如此！
這個專車就是用
細胞膜製成的！

完全沒有重視我們的感覺嘛！

脂質（磷脂質）

細胞膜

細胞膜通過專車

我說啊，既然發明了那個虛擬什麼的機器，為什麼不直接把人傳送到細胞裡就好了！

好了，好了，搭乘這個也會遇到各種好機緣啊，妳看，已經接近細胞囉！

磷脂質
疏水性
親水性

細胞膜表面並不是光滑的，有許多物體鑲嵌在細胞膜裡面，

所以才顯現出粗糙的表面，了解吧？

嗯─這裡也有，那裡也有，唔…

超不舒服的…

那麼，終於要衝進去囉！

啊！

沒關係的，只是跟細胞膜融合在一起而已。

呯——

小輝老師！

專車的外殼！融化了！要融掉了！

融化…

細胞膜——————專車的前端

專車與細胞膜融合

專車尾部

合體！

細胞膜的流動性很強，裡面的脂質和蛋白質會持續地移動、旋轉。

就好像兩個肥皂泡，一接觸就會融為一體，剛剛專車和細胞膜一體化，是相同的道理。

黏在一起

合而為一

能能~

有點懂又不是很懂。

但是如果沒了專車，我們怎麼能進到細胞裡面？

不用擔心！我們已經在細胞裡了。

——!!

❖ 細胞內分佈各種胞器

一旦進到細胞裡面，把各種物質推開、游動，會看到巨大物體，到處漂浮著。從整體看來，數量還真是多到令人訝異。有時甚至會出現如酷斯拉、巨大太空船般巨大的物體。

正如方才所說，因為每個細胞都會認真活著，為了要活著，就要從事各種不同的工作。而為了要做好這些不同的工作，每樣工作都必須要有其對應的「工作站」。

這些有著各自功能的「工作站」，統稱為胞器（**細胞內的小器官**）。而那些像巨大太空船的物體，其實就是胞器。

小輝老師，我從剛剛就很在意，那些有好幾層重疊、聳立得像牆壁的東西是什麼呀？

靠近一點看看吧！妳所說的牆壁，是由和細胞膜類似的薄膜所構成，但是卻不是牆壁，近一點看的話，就會知道其實是薄薄的扁平袋狀構造。

由內質網送來的「運輸囊泡」
（transport vesicle）

核糖體

粗內質網　　　　　　　　高基氏體

真的耶！好像扁扁的袋子疊在一起～。

這是名為**內質網**的胞器，**核糖體**就附著在內質網表面，合成蛋白。此外，還會對製作完成的蛋白質加以各種處理。

例如像肝臟的細胞、淋巴球等細胞，自己製造出的蛋白質，不只本身使用，也會分泌到細胞外面，這時候，**高基氏體**的胞器，就會發揮「配送中心」的功能。配送的方式和我們剛剛乘坐的細胞膜通過專車一樣，藉由和膜的融合，將其中含有的物質，「配送」到細胞外面或溶體中。

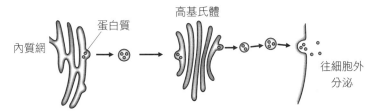

將蛋白質分泌到細胞外的高基氏體

所以才會特地讓我們乘坐那台超不舒服的專車嗎？

正是如此。
妳看喔，對面的袋子裡，好像有大分子在漸漸分解，被裁斷成小塊，是吧？那是被稱為溶小體的胞器，負責分解物質，就好像是「細胞的消化器官」。還有一個過氧化小體（peroxisome），同樣位於球狀袋裡面，負責將有害物質氧化（也就是解毒）的任務。

粒腺體，是細胞存活所必要、製造能量的「發電廠」，是相當重要的一個胞器。如果沒有了粒腺體，細胞就無法生存。

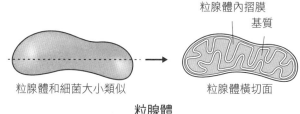

粒腺體內摺膜

基質

粒腺體和細菌大小類似

粒腺體橫切面

粒腺體

粒腺體把呼吸取得的氧氣，以及將醣類（葡萄糖）分解所產生之丙酮酸加以利用，藉此製造出能量（化學物質ATP）。

「高基氏體」和「粒腺體」，還有「核糖體」、「溶小體」、「過氧化小體」，一堆體體體，名字好難記喔……。

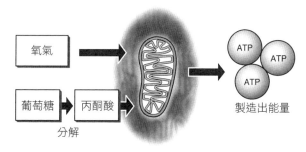

氧氣

葡萄糖　丙酮酸

分解

ATP　ATP

ATP

製造出能量

粒腺體

發電廠

⋯⋯⋯。

粒腺體，mi－to－chon－dri－a，念起來好像是很好吃的義大利焗烤飯耶！

 欸！？這堂課最後這樣結束喔！？

③ 細胞的司令部：細胞核

❖ **特別大的胞器**

「DNA」這個名詞很常聽到呢！

所謂的DNA是屬於大分子「核酸」的一種，其實DNA就是「基因」的本體！

如果是「基因」的話，我就好像有聽過。

那麼，我們就更近一點看看吧！

細胞核的表面覆有稱為核膜的膜，核膜與細胞膜類似，主要由脂質組成。

核膜

核孔

內質網

核孔

內質網

核膜

到處都是小洞，坑坑疤疤的樣子～

那些到處都有的小洞，就叫做核孔。嚴格說來，

應稱之為核孔複合體（nuclear pore complex）。裡面有蛋白質塊半塞住洞孔，並非只是一個空洞那麼單純。

❖ **細胞核裡有什麼呢？**

請問一下喔，
小輝，細胞核裡面
只有 DNA 嗎？

可是要記的東西比較少
會比較輕鬆說…

可惜，不對！

細胞核裡除了 DNA
以外，還包含許多
各式各樣的分子喔！

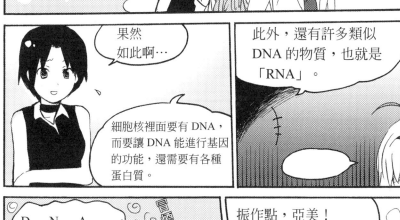

果然
如此啊…

細胞核裡面要有 DNA，
而要讓 DNA 能進行基因
的功能，還需要有各種
蛋白質。

此外，還有許多類似
DNA 的物質，也就是
「RNA」。

D－N－A－…，
R－N－A－…

冒煙

糟了，亞美的腦漿
已經出現容量超載
的現象了！

冒煙

啊！

振作點，亞美！
馬上就可以休息了喔！

冒煙

啊～咦～

冒煙

❖ 到細胞核裡面看看吧！

接著，我們到細胞核內，看看細胞核有哪些工作吧！

你說細胞核內，要怎麼進去呀？

一定要拿這張「往細胞核的票」。

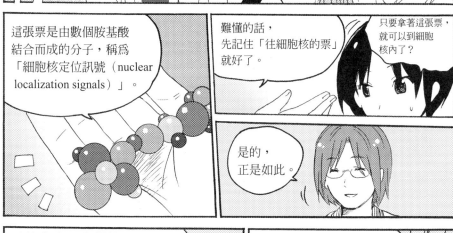

這張票是由數個胺基酸結合而成的分子，稱為「細胞核定位訊號（nuclear localization signals）」。

難懂的話，先記住「往細胞核的票」就好了。

只要拿著這張票，就可以到細胞核內了？

是的，正是如此。

雖然合成蛋白質的「核糖體」位於細胞質內，但在核糖體裡合成的蛋白質，要送到細胞核內工作的，都持有這張「往細胞核的票」。

這張票是蛋白質的一部分，標示著要執行的任務，請思考看看。

啉　啉

40

有許多細長纖維般的物體，
橫七豎八的動來動去，
有沒有看到？

哇～

看到
好多喔～

我們再
近一點看吧！

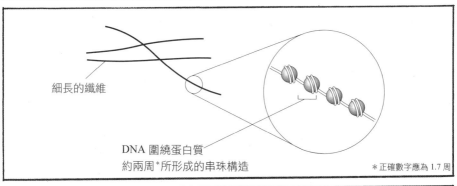

細長的纖維

DNA 圍繞蛋白質
約兩周*所形成的串珠構造

＊正確數字應為 1.7 周

好像有很多圓珠狀的
東西串連在一起。

那些串珠
是蛋白質。

在它們周圍，
有繞 2 圈的細纖維，
看得見吧？

啊！真的耶！

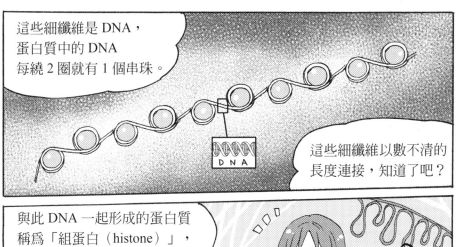

這些細纖維是 DNA，
蛋白質中的 DNA
每繞 2 圈就有 1 個串珠。

DNA

這些細纖維以數不清的
長度連接，知道了吧？

與此 DNA 一起形成的蛋白質
稱爲「組蛋白（histone）」，
而各個串珠稱爲
「核小體（nucleosome）」，
後面會再詳加說明
（可參考 p.126）

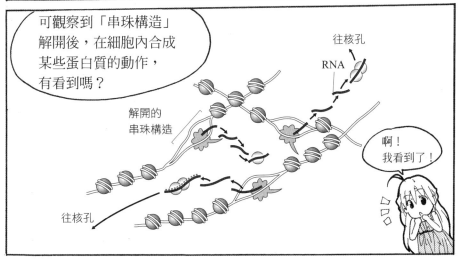

可觀察到「串珠構造」
解開後，在細胞內合成
某些蛋白質的動作，
有看到嗎？

往核孔

RNA

解開的
串珠構造

往核孔

啊！
我看到了！

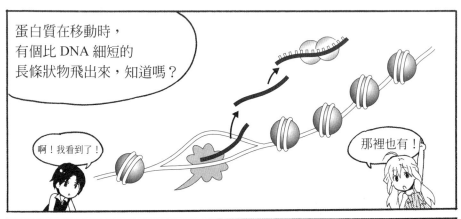

蛋白質在移動時，
有個比 DNA 細短的
長條狀物飛出來，知道嗎？

啊！我看到了！

那裡也有！

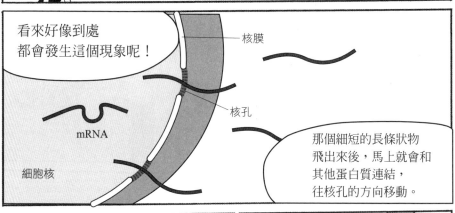

看來好像到處
都會發生這個現象呢！

核膜

核孔

mRNA

細胞核

那個細短的長條狀物
飛出來後，馬上就會和
其他蛋白質連結，
往核孔的方向移動。

我要飛向
細胞質了。

嗯

轉動

怎麼好像要把工廠做好的
東西運到外面的感覺…

說的也是呢，
這個細長條就是
稱爲 RNA 的物質。

剛剛我說過，所謂的
基因就是「蛋白質的
設計圖」，還記得嗎？

記得一點點…

45

這個過程就被稱爲「基因表現」。

如何？
細胞核之所以被稱爲細胞「司令部」的原因，是不是有些瞭解了呢？

嗯…
位居重要的位置，在這方面是瞭解了。

是的，這樣就十分足夠了。

啪 ！

教授！

等一下！門後助教！

哇！
對不起，我又漏講了什麼嗎？

沒有沒有，你已經解釋得非常好了。

只是再補充一些而已。

搖手

④ 單細胞生物與多細胞生物

本章一開始曾提到「單細胞」這個名詞。說起來，「單細胞」是生物構造及型態的一種。

顧名思義，單細胞就是單一的細胞。換言之，就因為是僅由 1 個細胞組成的生物，所以才稱為單細胞生物。絕大多數的單細胞生物，都不是我們肉眼所能看見的。因此，可能會被認為是與我們無關的生物，其實這些單細胞生物充斥在我們的周圍。因為肉眼看不見，即使在我們身邊游來游去，當然就無從察覺了。

在我們身體裡面，寄宿著大量的單細胞生物，我們好像不自覺地「飼養」著這些生物。其中最具代表性的，就是在大腸內分佈的「腸道細菌」。腸道細菌從人類食物消化後的渣滓中攝取養分，生生不息。相對地，正因為有這些腸道細菌的存在，所以外來的病原菌等，就無法順利增殖。我們的身體和腸道細菌的關係，可說是「互相幫忙、相互扶持」吧！

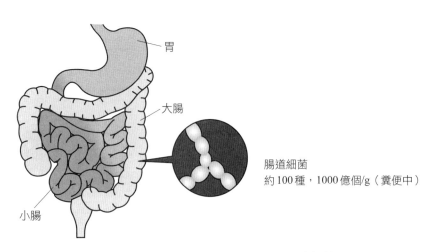

胃

大腸

腸道細菌
約 100 種，1000 億個/g（糞便中）

小腸

與人體關係密切的單細胞生物－腸道細菌

腸道細菌是屬於名爲「細菌（bacteria）」這群生物中的一種。此外，單細胞生物還包括像草履蟲及鐘形蟲等，屬於名爲「原生生物」的分類群。

既然僅僅 1 個細胞可以形成單細胞的生物，那麼，所謂的「多細胞生物」，沒錯，指的就是由許多細胞形成的生物。

包括我們人類，幾乎所有肉眼可見的生物，例如：櫻花、苔蘚、蜈蚣、狗，小如跳蚤，大如大象等等，全部都是多細胞生物。

雖說由許多細胞所形成，但是並非全部只由同一種細胞大量聚集而成。

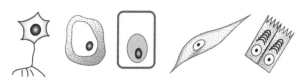

各式各樣的細胞

構成人體的神經細胞、胃細胞、皮膚細胞、白血球等， 外觀上都有其各自的形狀，功能上也有所不同。

當具有相同形狀或功能的細胞聚集，並且扮演特定角色時，就稱之爲**組織**。動物是由上皮組織、結締組織、肌肉組織及神經組織四大組織所構成；人也是動物的一種。

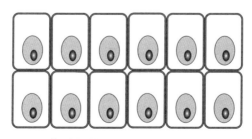

細胞聚集在一起，形成組織

上皮組織	皮膚或消化道的內側部位，是構成個體與內臟表面的主要組織。型態多樣，包括：扁平上皮、柱狀上皮、纖維柱狀上皮等。
結締組織	具有連接組織或同類細胞、結合縫隙等多種角色的組織。譬如位於表皮下方，富含膠原蛋白的纖維性結締組織，其它如骨組織、軟骨組織或脂肪組織也都是結締組織的一種。
肌肉組織	顧名思義，就是構成肌肉的組織。包括骨骼肌、心肌及內臟肌等。
神經組織	構成神經的組織。

　　更進一步來看，當這些組織聚集在一起，具有一特定目標時，就稱為**器官**。隨著不同組織的組合，會產生不同的器官。

　　舉例來說，屬於消化器官之一的胃，就由下列 4 種組織聚集產生：

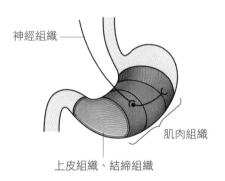

神經組織

肌肉組織

上皮組織、結締組織

其他器官也是如此，組織聚集在一起，扮演各式各樣的角色。

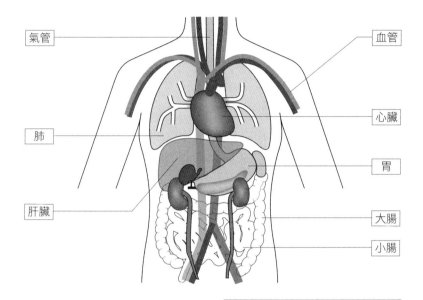

氣管

血管

心臟

肺

胃

肝臟

大腸

小腸

> 消化器官：如胃、小腸、肝臟等。
> 循環器官：心臟、血管等。
> 呼吸器官：肺、氣管等。

　　總而言之，細胞由分子聚集而成，各種分化的細胞形成各具不同功能的組織；各式各樣的組織進一步形成器官，以利進行複雜的生命活動。

5 原核生物與真核生物

正如前面讀者所學到的，當我們把生物的世界大致上分成二大類時，有一種分類法是分為「單細胞生物」和「多細胞生物」。這種分類法，是以細胞數目為分類的方法。

不過，還有另一種方法可把生物世界大致分成二大類。那就是，以細胞裡面有沒有「細胞核」的分類方式。依照這種方法加以區分的話，生物大致可分為**原核生物**和**真核生物**。

有沒有細胞核？

細胞核是「細胞的司令部」吧？沒有的話不就麻煩了嗎？

也許讀者會這麼想，但是還請讀者稍安勿躁。

請回想一下，為什麼細胞核會是「細胞的司令部」。因為細胞核裡面含有 DNA，DNA 上面有已經寫好的基因序列，而細胞核控制基因表現，因此是「細胞的司令部」，沒錯吧？

這麼說來，雖然沒有核的外型，但是卻有 DNA 的存在，裡面帶有基因密碼，並能控制基因的表現，有沒有這種事呢？

像這樣，細胞沒有細胞核，其 DNA 以裸露形式存在於細胞中，具備這種細胞的生物就叫做原核生物。地球上屬於原核生物的常見如細菌。

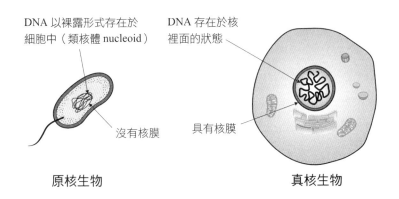

DNA 以裸露形式存在於細胞中（類核體 nucleoid）

沒有核膜

原核生物

DNA 存在於核裡面的狀態

具有核膜

真核生物

　　細胞具備含有DNA的核狀胞器，叫做眞核細胞；由眞核細胞組成的生物，就稱爲眞核生物。細菌以外的所有生物，以及所有的多細胞生物，都屬於眞核生物。在單細胞生物中，草履蟲等原生生物，也是眞核生物的一種。

　　既然是以細胞核之有無來分類，那就直接用「無核生物」和「有核生物」來稱呼不就好了，請千萬別這麼想。

　　其實，雖說沒有核，但實際上DNA周圍的區域呈現「類似細胞核的構造」（類核體），或者說是具有「原始的細胞核」，因此就命名爲「原核生物」。

　　與此相對，具有細胞核的生物，因爲「具備眞正的細胞核」這樣的含義，所以就被命名爲「眞核生物」。

第 **2** 章

蛋白質與 DNA

開動了——

先來複習一下
「5 個關鍵詞」吧！
還記得嗎？

嘿嘿…

驚！

等一下！

細胞、蛋白質、
DNA、RNA、
基因！

勝利！

正確答案！
果然有好好
複習。

哇～
小凜好厲害…

咦？

……

嘻嘻…

① 細胞
② 蛋白質
③ DNA
④ RNA
⑤ 基因

昨天已經用功學了
「細胞」的相關知識，
今天就來學習「蛋白質」
和「DNA」吧。

第一章裡也曾經
出現過，蛋白質
是怎樣的物質，
知道嗎？

欸～
在肉和魚裡面
含有的營養素，
對吧？

可以這麼說，
但是答案不限定
在營養素方面唷。

!?

蛋白質含有
許多胺基酸，
是負責細胞活動的重要分子。

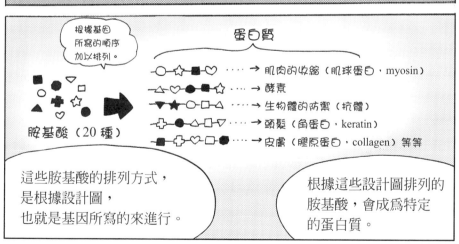

根據基因
所寫的順序
加以排列。

胺基酸（20 種）

蛋白質

—○—☆—■—♡— ‥‥→ 肌肉的收縮（肌球蛋白，myosin）

—△—♡—●—■—☆ ‥‥→ 酵素

—▽—★—♡—□—△ ‥‥→ 生物體的防禦（抗體）

—✛—●—△—□—▽ ‥‥→ 頭髮（角蛋白，keratin）

—■—✛—♡—□—● ‥‥→ 皮膚（膠原蛋白，collagen）等等

這些胺基酸的排列方式，
是根據設計圖，
也就是基因所寫的來進行。

根據這些設計圖排列的
胺基酸，會成為特定
的蛋白質。

把今天用功的全部內容，做一個總整理。

沙

沙

嗯嗯嗯…

……???

那麼如果這樣的話呢？

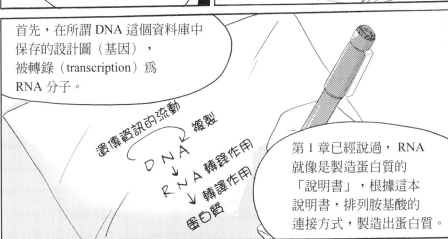

首先，在所謂 DNA 這個資料庫中保存的設計圖（基因），被轉錄（transcription）為 RNA 分子。

遺傳資訊的流動

DNA 複製

RNA 轉錄作用

轉譯作用

蛋白質

第 1 章已經說過，RNA 就像是製造蛋白質的「說明書」，根據這本說明書，排列胺基酸的連接方式，製造出蛋白質。

哦!?
出人意料的簡單！
是不是，亞美？

垂頭喪氣

…飯…

啊！對不起，可以開始吃飯了唷！

我要開動了！

① 細胞的活動由蛋白質來支持

❖ 什麼是「細胞的活動」？

開始上今天的課吧！

請問…

昨天到細胞裡面學到了很多，但是…提到細胞，無論哪種細胞都一樣嗎？

不是的，因細胞而異，不同細胞有不同的工作。

怎麼了嗎？小凜同學。

例如構成肝臟的「肝細胞」，會將被吸收的養分轉變成各種型態，儲藏起來，往體內各種細胞運送。另外肝細胞還可以進行酒精的解毒作用！

酒精
養分

養分

酒精

在胃部吸收

脂肪

腦

代謝

代謝

肌肉

送往全身

肝臟

經由血液運往肝臟

在小腸內吸收

製造二頭肌的肌肉細胞，
則是藉由反覆的收縮和放鬆，
來控制身體的運動。

不同的細胞，
任務完全
不一樣呢…

就是這樣。
而細胞的這些功用，
如何由蛋白質來支持，
就是我們今天起要學的。

蛋白質在生物體內或
細胞中，是一種具有
重要功能的分子。

蛋白質一旦罷工，
我們的細胞就無法
生存下去了喔！

具備各種功用的「細胞」，
我覺得好偉大喔─

你說支持「細胞」功用的，
就是蛋白質！？

好像有興趣學了呢！
接下來就請仔細看著吧！

❖ 酵素力爆發！

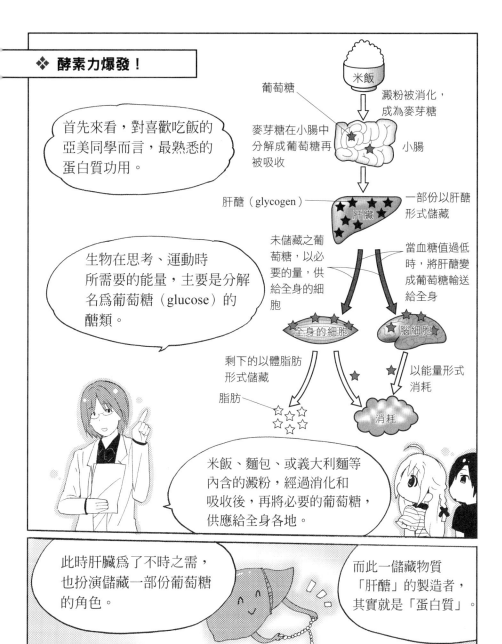

首先來看，對喜歡吃飯的亞美同學而言，最熟悉的蛋白質功用。

生物在思考、運動時所需要的能量，主要是分解名為葡萄糖（glucose）的醣類。

葡萄糖

麥芽糖在小腸中分解成葡萄糖再被吸收

米飯

澱粉被消化，成為麥芽糖

小腸

肝醣（glycogen）

肝臟

一部份以肝醣形式儲藏

未儲藏之葡萄糖，以必要的量，供給全身的細胞

當血糖值過低時，將肝醣變成葡萄糖輸送給全身

全身的細胞

腦細胞

剩下的以體脂肪形式儲藏

脂肪

以能量形式消耗

消耗

米飯、麵包、或義大利麵等內含的澱粉，經過消化和吸收後，再將必要的葡萄糖，供應給全身各地。

此時肝臟為了不時之需，也扮演儲藏一部份葡萄糖的角色。

而此一儲藏物質「肝醣」的製造者，其實就是「蛋白質」。

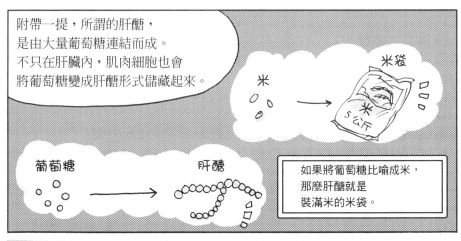

附帶一提,所謂的肝醣,
是由大量葡萄糖連結而成。
不只在肝臟內,肌肉細胞也會
將葡萄糖變成肝醣形式儲藏起來。

米袋

米

葡萄糖 ⟶ 肝醣

如果將葡萄糖比喻成米,
那麼肝醣就是
裝滿米的米袋。

肚子餓的時候,血液中的葡萄糖
濃度一也就是「血糖值」降低時,
將肝醣變成葡萄糖,
這也是蛋白質的工作。

欸一

古魯…古力可…見…
古力…古魯可…斯…

驚!

小輝老師!
亞美已經到極限了!

哇啊!?

上課先到此為止,
我們去搭虛擬微型機,
看看蛋白質工作的
情形吧!

快把葡萄糖送到
腦部啊!

嗡!

哇!

＊動物幾乎所有的細胞都會蓄積肝醣,其中以肝臟及肌肉最多。

人稱的酵素超人！

酵…
酵素超人！

什麼？

只要花 1 毫秒將眼鏡摘下，
就可以變成酵素超人！
但是由於篇幅有限，
這個過程的解說只好割愛！

眞是無意義的
旁白…

沒錯…其實他不是
菜市場名蛋白質！

這也是嗎！

而是具有促進化學
反應能力的「酵素」！

酵素不是放在
洗潔劑裡的東東嗎？

雖然是這樣沒錯，
但是酵素的能力
不只是去除污垢而已！

在旁邊看就好！

碰！

觸酶踢！

暫　停

笑死我了！
這算啥攻擊啊！

不行啦！
完全沒有效果喔！

嘿嘿…

68

我來解說吧！酒精會因蛋白質的作用而變成乙醛，接著還會因其他蛋白質的作用，變成沒有毒性的醋酸！

☆ 酒精的解毒 ☆

酒精

藉由循環和呼吸作用排泄

運往肝細胞

酒精脫氫酵素

乙醛

乙醛脫氫酵素

醋酸

二氧化碳和水

這些作用就是蛋白質發揮酵素功能所進行的化學反應！

看！酒精男已經變成無害的小動物了！

咻一咻一

謝謝酵素超人！

掰掰

不用多禮，我只是把肝臟原本的能力引發出來而已！

肝臟危機暫時解除，但是在我們生物體內，還潛藏著其他各式各樣的有毒物質。

加油！酵素超人！酵素超人一出，誰與爭鋒！

巴一巴啦啦～

↑
背景音樂

夠了沒有啊！旁白的人趕快給我現身！

冒出

在叫我嗎？

哇！

砰！

毛呂教授！

原來是毛呂教授！
如此出現在各種虛擬世界，
未免任性過頭了吧！

多虧了他，
現在大家應該已經瞭解，
一旦蛋白質顯現出酵素的功用，
就可以發揮強大力量了吧？

嗯…確實如此。

那再來就交給門後
助教補充說明了喔！

啪擦！關上

一震

哇！

呀！

❖ 蛋白質的酵素作用方式

所謂酵素，是指在一些蛋白質中，具有讓化學反應加速進行之功能者。當然，我們體內有數萬種蛋白質，但並非所有蛋白質都是酵素。後面會再詳加說明，例如膠原蛋白類的維持身體構造之蛋白質，免疫反應中對細菌等外來物有「遠距射擊武器」功能的抗體等，這些都是蛋白質，但不是酵素。

消化、吸收、分解、DNA的複製等，這些細胞內外的各種現象，常須進行多數的化學反應。各種現象產生的化學反應都不相同。幾乎所有在生物體內進行的化學反應，都有相對應其工作內容的獨特酵素。酵素又稱為「**觸媒**」，簡稱為「**酶**」。

所以酵素超人的招式才叫做「觸媒踢」啊～！

附帶一提，不論是儲藏葡萄糖的蛋白質，或是對酒精進行解毒作用的蛋白質，都是酵素的一種。將葡萄糖變成肝醣儲藏起來的是「肝醣合成酶（glycogen synthetase）」，把酒精分解成乙醛的是「酒精脫氫酶」（alcohol dehydrogenase）。

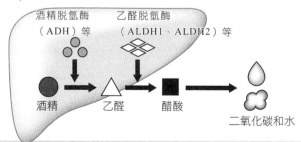

我們來複習一下剛剛酒精男的情形，雖然酒精是在肝臟中分解，但是將酒精分解成乙醛，和將乙醛分解成醋酸，另外有各自的酵素。

還記得嗎？將酒精分解成乙醛的是「酵素超人」，也就是酒精脫氫酶，將乙醛分解成醋酸的則是「機器狗伙伴」，也就是乙醛脫氫酶。不同的反應，各有其相對應的酵素來負責擔任。

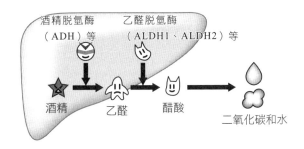

酒精脫氫酶（ADH）等　乙醛脫氫酶（ALDH1、ALDH2）等

酒精　乙醛　醋酸　二氧化碳和水

❖ 蛋白質的酵素作用方式 第 2 部

細胞分裂時，蛋白質的參與是不可或缺的。細胞分裂為二之前，由於細胞核裡面的 DNA，在分裂後要分配給二個細胞，所以 DNA 量需要增為 2 倍。在這個DNA增加 2 倍的過程中（稱做 DNA 複製），也是由具有「酵素」功能的蛋白質，進行讓 DNA 能增為 2 倍的反應所致。

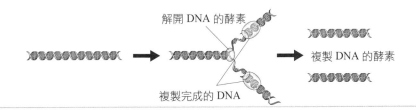

解開 DNA 的酵素

複製 DNA 的酵素

複製完成的 DNA

此外，在整個細胞分裂為二時，細胞內有像骨架般，負責調整細胞形狀的蛋白質，會把兩個細胞彼此分開，造成細胞的分裂。

❖ 蛋白質在肌肉收縮中的作用

早餐時小輝老師有提到，請問二頭肌內的蛋白質有什麼作用呢？

這是個好問題。像二頭肌這類肌肉，是由肌細胞（肌纖維）聚集成束狀的組織。

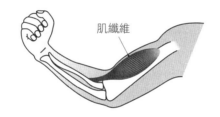

肌纖維

肌肉中主要有「肌動蛋白（actin）」和「肌球蛋白（myosin）」兩種蛋白質，各自由「肌動蛋白絲（actin filament）」和「肌球蛋白絲（myosin filament）」之細長纖維所組成。由於有這些蛋白質之間的相互滑動，肌肉才能產生收縮和放鬆的動作。

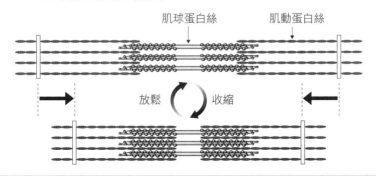

肌球蛋白絲　　　肌動蛋白絲

放鬆　　收縮

就肌肉而言，與其說蛋白質是化學反應的觸媒，還不如說，蛋白質是一手主導肌肉形狀與其動作的主角。

 仔細一想，像什麼酵素超人的，只不過是協助肝臟發揮功能的配角而已嘛！

 小凜！妳這種說法，酵素超人不是太可憐了嗎？

 嗳？對、對不起！⋯咦？為什麼我非道歉不可呀？酵素超人的話題到此為止！

❖ 蛋白質主要功能總整理

 蛋白質除了上述功能外，也和細胞的運作有直接關係。人體內有大約十萬種蛋白質，舉凡化學反應的控制（酵素）、氧氣與養分的運輸、肌肉的收縮、身體恆定性的維持（荷爾蒙等）、生物體防禦作用（抗體）或生物體構造的維持（膠原蛋白或角蛋白 keratin）等，各蛋白質都有其固定的工作內容。

這裡就把蛋白質的主要功用作一個總整理吧！

● 化學反應的控制（酵素）
● 肌肉的收縮
● 氧氣與養分的運輸
● 恆常性的維持（荷爾蒙等）
● 對微生物等的防禦（抗體）
● 細胞的運作、構造的維持
● 生物體構造的維持（膠原蛋白或角蛋白）等

這些功能就構成了生命活動的基本架構。

 蛋白質果然很了不起……。

 真的很了不起呢！
正因爲有蛋白質不眠不休工作，我們才可以生存，託福託福。

 多虧有像酵素超人這種蛋白質，與邪惡勢力奮戰不休，我們才可以過著和平的生活呢！？

 對！？

 我・就・說・蛋白質很了不起啦～！

2 蛋白質的材料：胺基酸

❖ 蛋白質是由許多胺基酸組合而成

 第一章已經說過，生物體是由細胞層層堆積而成。細胞聚集形成組織，組織聚集形成器官，進而形成生物體。有點像是，以立體的方式堆積磚塊來建造房屋一般。

以立體的方式堆積磚塊　　　　　完成目的組織的細胞

 另一方面，蛋白質則是由所謂的胺基酸分子連結所組成。

胺基酸連結組合而成為蛋白質

 連結組合而成…這讓我想到，DNA 也是由核苷酸這種物質連接組合而成的喔！

核苷酸連結組合而成為 DNA

 細胞和蛋白質，是一樣的連結方式嗎！？

不是這樣的，蛋白質與細胞有很大的差異。細胞是採取立體方式，堆積成身體的組織，**胺基酸則是以橫向連結，也就是直線連結組成蛋白質的**。

 如果用磚塊來比喻成細胞，那麼胺基酸就好像串珠或珍珠項鏈般，外觀呈一直線喔！

 正是如此。還有，生物製造的蛋白質，是由下列 20 種胺基酸所組成：

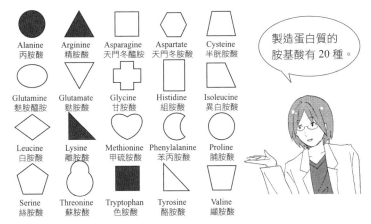

製造蛋白質的胺基酸有 20 種。

Alanine 丙胺酸	Arginine 精胺酸	Asparagine 天門冬醯胺	Aspartate 天門冬胺酸	Cysteine 半胱胺酸
Glutamine 麩胺醯胺	Glutamate 麩胺酸	Glycine 甘胺酸	Histidine 組胺酸	Isoleucine 異白胺酸
Leucine 白胺酸	Lysine 離胺酸	Methionine 甲硫胺酸	Phenylalanine 苯丙胺酸	Proline 脯胺酸
Serine 絲胺酸	Threonine 蘇胺酸	Tryptophan 色胺酸	Tyrosine 酪胺酸	Valine 纈胺酸

20 種胺基酸

 胺基酸，就是運動飲料裡面加的東西嘛！
胺基酸有 20 種，那麼把這些胺基酸依照一定的順序排列，就可以做出特定的蛋白質囉。

 雖然胺基酸的種類還有很多，但製造蛋白質的胺基酸，僅限於上列 20 種。現在，我們來看看胺基酸的構造吧！正如下圖之化學構造式所示：在 20 種胺基酸內，有「共通的部分」及「不同的部分」。

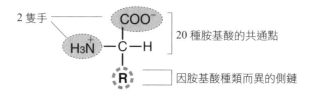

上圖中標示 R 的部分，稱爲側鏈，是依照 20 種胺基酸中不同種類而異的部分。R 所代表側鏈的結構，可從只有 1 個氫原子的單純結構，到一般俗稱爲「龜甲」的「苯環」類的複雜結構，一共有 20 種。

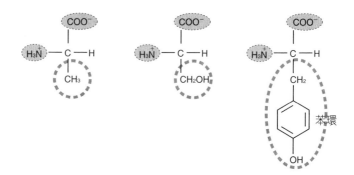

這 20 種胺基酸會利用圖中的 2 隻手「$H_3\overset{+}{N}$」和「COO^-」，來進行相當長的，各種順序、數目的連結，如此就可以製造出各種蛋白質。

❖ 即使只有 1 個胺基酸不同，也會造成完全不同的結果！

雖然有點突兀，人類的血液爲何是紅的，妳們知道嗎？

78

人類的靈魂，就像酵素超人一樣，是因爲正義而燃燒的結果吧！

不是這個原因吧！
又把酵素超人扯進來…。

正確答案是：血液中含有所謂「血紅素」的紅色色素所致。
紅血球裡面的血紅素，會與氧分子結合，運送給身體內各細胞，具有重要功能。細胞接受氧氣後，會產生能量。由於血紅素中含有鐵，所以才會顯現出鮮紅的顏色。

所以，小輝老師，你爲什麼突然急著從蛋白質轉移話題到血液呢？

因爲血液中的血紅素，其主要成分也是蛋白質。
但是和普通蛋白質不同，如下圖所示，血紅素分成 α 和 β 兩種蛋白質（「球蛋白」globin）各 2 種，總計有 4 個。這 4 個個別蛋白質稱爲「次單元（subunit）」。構成血紅素的這 2 類次單元，分別利用 20 種胺基酸，以固定的順序連結而成長鏈。

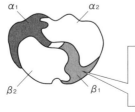

由 2 個「α 次單元」和
2 個「β 次單元」組合而成。

次單位分別與不同的胺基酸，
以固定的順序連結而成長鏈。

血紅素

在相互連結的胺基酸中，只要有 1 個胺基酸改變，就會造成完全不同的結果。

舉例而言，在球蛋白的 β 次單元中，其第 6 個胺基酸如果從「麩胺酸」變成「纈胺酸」的話，血紅素的型態就會異常，因為無法有效地運送氧氣，所以會導致嚴重的貧血。此外，紅血球本身也會變形，變成兩頭尖銳而細長的「鐮刀型」（鐮刀狀紅血球）。

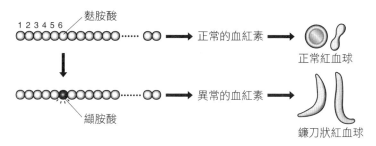

胺基酸的連結順序也相當重要。

為什麼呢？因為各相異的胺基酸之間，由於 R 部分的不同，會造成靜電力、「氫鍵」、疏水性等交互作用的不同，而這些作用的平衡，會影響蛋白質的整體構造（立體構造）。也就是說，如果其中有一種胺基酸以另一種胺基酸替代，就會影響此蛋白質的立體構造。

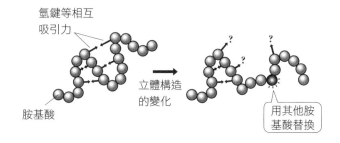

蛋白質的設計圖：基因

❖ **一旦決定了排列方式的話**

20 種胺基酸的排列方式只要有一個不一樣，製造出來的蛋白質性質就會迥然不同，這一點是不是都懂了？

這部分懂是懂了，可是為什麼生物體的胺基酸排列方式總是要相同呢？

難道偶爾不會搞錯，結果合成了不同的蛋白質嗎？

非常好的問題。

微笑

如果是兩位的話，為了不搞錯順序，會用怎樣的辦法呢？

胺基酸 A　胺基酸 B

這個嘛…為了不要忘掉胺基酸的順序，把順序寫在紙上，再貼到牆壁上！

還真直接呢…如果是我的話，會先指定個別胺基酸的負責人，只有負責人可以運送同一個胺基酸。

我是胺基酸 A 的負責人

胺基酸 A

胺基酸 B

我是胺基酸 B 的負責人

其實，把妳們兩位所說的組合起來，就是細胞內進行的動作。

什麼嘛—

怎麼可能！先別說我的想法如何，但是，把順序寫在紙上貼起來…

我是說真的，雖然亞美的想法非常簡單，但是與自然界的運作方式一致呢！

可怕的傻妞有傻福…

❖ **決定排列方式的設計圖在此**

寫有胺基酸順序的「紙」，也就是蛋白質的「設計圖」是存在的。

我不是傻妞啦—

還記得之前說過的嗎？所謂的設計圖是…？

是基因！

正確答案！那麼，基因編寫在什麼地方呢？

呃—DNA？

很好、很好，那麼 DNA 位於什麼地方呢？

啊！是那個！很大的高爾夫球！

不是啦！應該說是「細胞核」吧！

好像想起來了呢。

…沒錯！寫有胺基酸順序的紙，也就是「設計圖」，就是在 DNA 裡面所寫的「基因」。

舉例來說，某基因 A 裡面有蛋白質 A 的胺基酸順序，也就是說，基因內編寫有胺基酸序列的資訊。

這裡編寫有蛋白質 A 的胺基酸資訊

DNA

基因 A

❖ 胺基酸排列順序以暗號的形式編寫在 DNA 中

雖然說寫在上面，但是並不是用文字寫出順序。

欸─是英文嗎～？

也不是英文。

83

真要說的話，
應該是「DNA語」。

DNA語！？

雖然蛋白質是由胺基酸
連接而組成，但是DNA
並不是由胺基酸所組成。

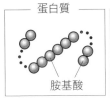

蛋白質 ——— 　　 ——— DNA ———

胺基酸　　　　　　　不是胺基酸！

DNA內有DNA特有的文字，
根據這些文字，胺基酸的
順序才可以被決定。

這些DNA特有的文字
序列就成了密碼。

DNA的「文字」 ——轉譯→ 蛋白質的胺基酸序列

具有蛋白質合成工廠功能的
核糖體，會將此密碼好好地
「轉譯」成胺基酸序列，
進而合成蛋白質。

有關這個部分，
第4章會學到，
總之先進去看看吧！

84

④ DNA 與核苷酸

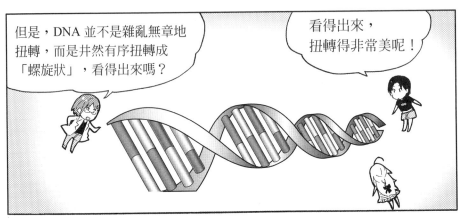

但是，DNA 並不是雜亂無章地扭轉，而是井然有序扭轉成「螺旋狀」，看得出來嗎？

看得出來，扭轉得非常美呢！

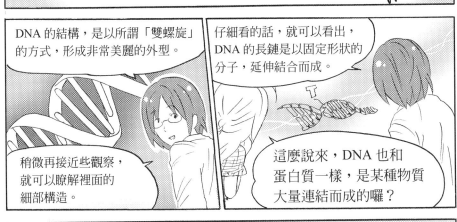

DNA 的結構，是以所謂「雙螺旋」的方式，形成非常美麗的外型。

稍微再接近些觀察，就可以瞭解裡面的細部構造。

仔細看的話，就可以看出，DNA 的長鏈是以固定形狀的分子，延伸結合而成。

這麼說來，DNA 也和蛋白質一樣，是某種物質大量連結而成的囉？

❖ 核苷酸是構成 DNA 的材料

DNA

喔，原來你也是——!?

蛋白質是由大量胺基酸連結組成，而 DNA 也是由「某物質」大量連結而成的。

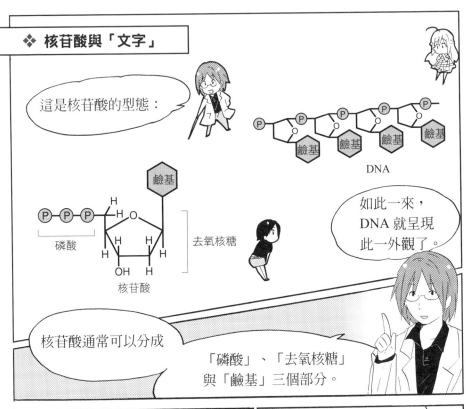

這是核苷酸的型態：

DNA

鹼基

磷酸

去氧核糖

核苷酸

如此一來，DNA 就呈現此一外觀了。

核苷酸通常可以分成

「磷酸」、「去氧核糖」與「鹼基」三個部分。

磷酸是——有了，那個恐怖的鬼火，其實就是「磷」和氧氣結合後而變成的氧化物。

（遲遲才出場時的）鼓聲鼕！鼕！

而所謂的去氧核糖則是「糖」的一種。

雖然是砂糖的同類物質，但是舔起來卻沒有甜味。

如果鹼基是「臉」，
去氧核糖（醣類）就是
「腳」，而磷酸則可說是
「手」。

當一個核苷酸的手，抓住鄰近
核苷酸的腳而結合時，
DNA 就是如此組合完成的。

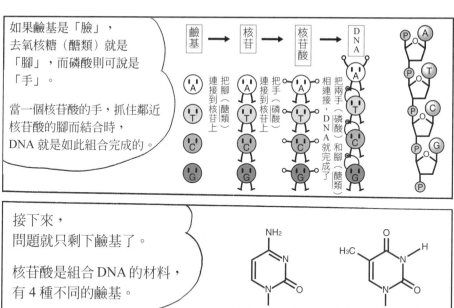

接下來，
問題就只剩下鹼基了。

核苷酸是組合 DNA 的材料，
有 4 種不同的鹼基。

胞嘧啶（Cytosine, C）

胸腺嘧啶（Thymine, T）

腺嘌呤（Adenine, A）

鳥糞嘌呤（Guanine, G）

取英文原名「Adenine」
「Guanine」「Cytosine」
「Thymine」的第一個字母，
寫成 A、G、C、T

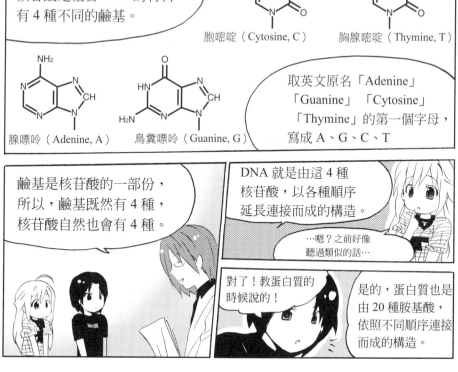

鹼基是核苷酸的一部份，
所以，鹼基既然有 4 種，
核苷酸自然也會有 4 種。

DNA 就是由這 4 種
核苷酸，以各種順序
延長連接而成的構造。

…嗯？之前好像
聽過類似的話…

對了！教蛋白質的
時候說的！

是的，蛋白質也是
由 20 種胺基酸，
依照不同順序連接
而成的構造。

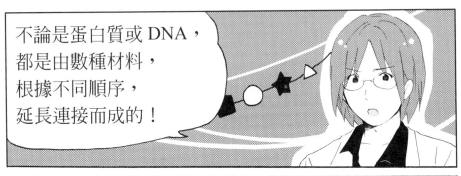

不論是蛋白質或 DNA，
都是由數種材料，
根據不同順序，
延長連接而成的！

那麼，
還記得這部分嗎？

剛才說過的：胺基酸順序的
資訊以密碼的形式寫在 DNA 裡面…
這些密碼是 DNA 特有的文字。

我知道了！

所謂 DNA 特有的
文字，指的就是
「鹼基」，對吧！

真聰明！

這 4 種鹼基
（A、G、C、T）
以怎樣的順序排列…

基因

•••AGC　CTA　AAT　CAG　GTC•••　DNA 的
鹼基序列

轉譯

胺基酸
序列

就是決定胺基酸
順序的指定密碼。

換言之，
所謂的「基因」，
就是構成蛋白質之
胺基酸的「順序資
訊」。

原來如此…懵懵懂懂，
好像在哪兒聽過「基因」
這名字的物質，原來是
胺基酸如何排列的
資訊啊！

正是如此，凜同學，
您已經充分瞭解了呢！

小凜太狡猾了啦！
只有妳自己懂！

咦？
亞美不懂嗎？

乾合酸－！

嗚哇哇

知道了，
知道了啦！
晚上再好好教妳啦！

她們兩位
都很認真哯，
毛呂博士…

哇～

嘎～

⑤ 基因的圖書館：基因組

　　二〇〇三年，名爲「人類基因組計畫」的國際性研究計劃終於大功告成。這個計劃的內容，爲研究我們人類每一個細胞中所具備的DNA，由何種鹼基之排列方式而成，也就是要讀取出所有DNA之鹼基序列的計劃。

　　分析結果，人類的所有DNA鹼基排列，部份結果顯示如下：AGTCGTATCGACGATCGACTGATCGATCGATCGTAGTCAGTCAACATGCTGTCAGTGT……

　　如此，A、G、C、T四個字母的鹼基排列共有30億個。

　　在此30億個「字母行列」中，含有蛋白質之胺基酸排列方式的密碼，也就是「基因」。

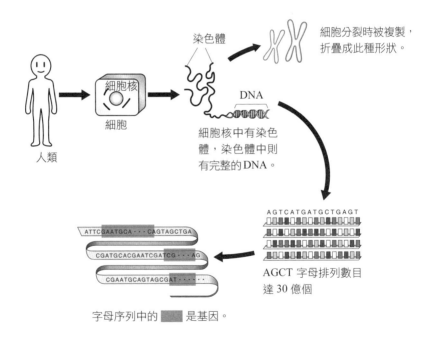

細胞分裂時被複製，折疊成此種形狀。

染色體

DNA

細胞核

細胞

細胞核中有染色體，染色體中則有完整的DNA。

人類

AGTCATGATGCTGAGT

AGCT 字母排列數目達 30 億個

ATTCGAATGCA・・・CAGTAGCTGA

CGATGCACGAATCGATCG・・・AG

CGAATGCAGTAGCGAT・・・・・・

字母序列中的 ▇ 是基因。

　　這些全部的「字母行列」，亦即所有 DNA 之鹼基序列的集合，稱為「基因組（genome）」，所有生物的每一個細胞中，都含有其基因組。這就是把人類的基因組稱為「人體基因組」的理由。

　　像人類一樣，從父親及母親繼承 DNA 的生物，在其細胞內，各有來自父親及母親的基因組，所以我們擁有 2 套基因組。

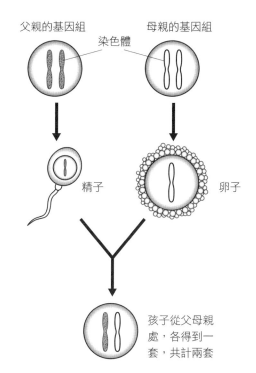

註）實際上，人類擁有來自父親與母親各 23 個（23
　　對、46 個）染色體，在這裡為了讓讀者們能掌握
　　概念，而以 1 對、2 個染色體為例作説明。

基因組，說起來就像是收藏著「基因」這種書的圖書館一般。

基因組中，其實大部份的序列都屬於非基因的部份。至於為何有這些非基因的部份存在，目前還在進行研究中。

總而言之，若進入此「基因組」圖書館看看的話，感覺就好像在許多沒有書名的書籍中，偶爾發現名為「基因」的書。

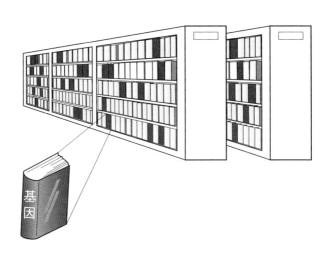

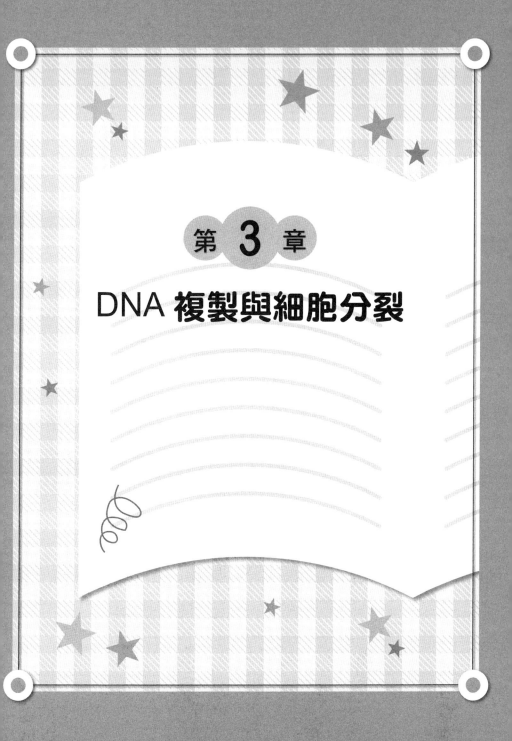

第 3 章

DNA 複製與細胞分裂

① 細胞藉由分裂而增加

❖ 一生中最重要的大事是？

今天要學的是和 DNA 複製、
細胞分裂有關的知識。

嘿～好像
很難的樣子…

複製？
分裂？

可是，這次的主題
是相當重要的。

爲什麼會那麼
重要呢一？就讓
我們從這點開始吧！

亞美同學、小凜同學，
提到終身大事，
妳們會聯想到什麼呢？

這個嘛…
那當然是…

結婚典禮～！

只要是女孩子，
都會這麼想吧！

可是…

對生物而言，
結婚典禮有
那麼重要嗎？

鮭魚正在拼命地逆流而上。

啪沙！

啪沙！

什麼!?
在這種季節!?

本來，鮭魚是在 9 月到 11 月之間，從北方的海洋，回到自己出生的河流中。

但是，為了研究方便，這個流域被設定成特殊氣象條件，請不用在乎季節的問題。

毛呂教授好厲害！

話是這麼說，可是太冷了，沒辦法游泳呀！

更重要的是，妳們看！

公魚和母魚在一起了耶！

公魚在母魚產卵的同時，會把精子釋放出來。

真是辛苦你們了呢，終於可以永遠過著幸福…

嗚嗚…

嗯!?

99

漂浮～

大受打擊～

怎麼這樣…

欸！？

拼命逆流而上的鮭魚們，一旦卵和精子結合後，就這樣喪命了—

這不就是生物原本就是「爲了受精而活下去」的純粹生命型態嗎？

我知道了，從今以後，我也要只爲了受精而活…

笨蛋！

所謂的「受精」，是人類和鮭魚等多細胞生物繁衍子孫的方式，是「有性生殖」的一個步驟。

然而，只有一個細胞的單細胞生物，是無法製造出精子和卵子的。

妳們認爲，這些單細胞生物要如何增加子孫數量呢？

用分身術如何……？

❖ 細胞分裂：繁衍子孫最原始的方法

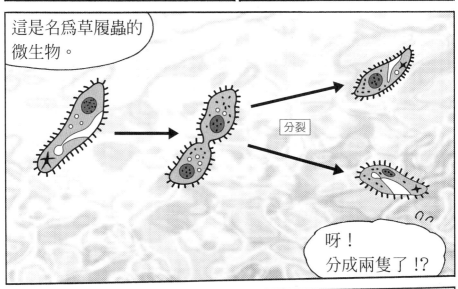

單細胞生物是利用細胞分裂來增加子孫數量的。

哇！
我答對了！

單細胞是只由一個細胞所構成的。

所以只要用自己的身體分裂成兩半就好了，這樣是最快的方法。

寂靜無聲一

你說誰？

真方便…
不愧是單細胞…

的確很方便呢！但是，如果以一小時分裂一次的速度進行的話——

噗哧

噗哧

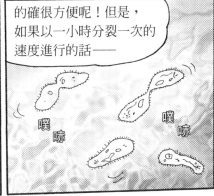

24 小時後，原來只有 1 個的細胞，就可以增加到大約 1,680 萬個了。

嘩啦

嘩啦

哇！

也就是說，在繁衍子孫的行為中，最基本而原始的方法就是「細胞分裂」。

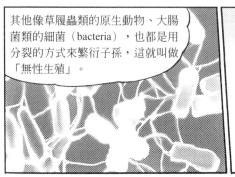

其他像草履蟲類的原生動物、大腸菌類的細菌（bacteria），也都是用分裂的方式來繁衍子孫，這就叫做「無性生殖」。

※不過，草履蟲之類的部分單細胞生物，有的同類個體間，也可以彼此接觸，交換基因的一部份，來進行「有性生殖」。

❖ 多細胞生物利用細胞分裂來維持身體

人類如果分裂的話，也會繁殖得比較快吧！

．．．．．．．．．
．．．．．．．．

嗚～真不舒服！

花生了什麼事

還好人類不能分裂…

妳太一天真了！

啊！
毛呂教授！

突然出現！

嗯！

本體終於現身!?

…雖然這麼說，
但這裡畢竟還是
虛擬世界…

這種事不重要！
重要的是—

人類雖然是多細胞生物，一開始也會進行細胞分裂，這件事，妳們知道嗎！

咚！

嗳嗳嗳—!?
人類進行細胞分裂!?

雖然對單細胞而言，
「細胞分裂」就等同於
「繁衍子孫」…

但是對人類這種
多細胞生物，則
非如此。

的確，為了繁衍子孫，進行細胞分裂，也會製造生殖細胞，但是意義不僅於此。

並不只是為了
繁衍子孫…

那麼為什麼要
分裂呢…？

嗯，那我們
就去看看吧！

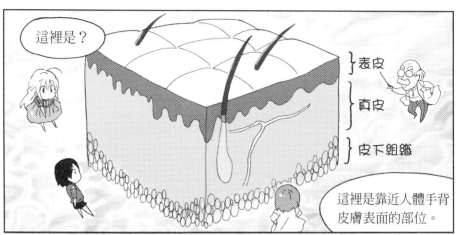

這裡是？

} 表皮

} 真皮

} 皮下組織

這裡是靠近人體手背皮膚表面的部位。

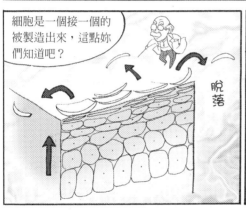

細胞是一個接一個的被製造出來，這點妳們知道吧？

脫落

真的耶——

怎麼反而像是一直在脫落。

我們每天洗澡的時候，除了將身體上的污垢跟汗水洗掉以外，同時也會把皮膚表皮細胞當成污垢洗掉。

呃！那麼，脫落的就是污垢嗎…

無論哪種細胞，都有其壽命，使用到某種程度，注定是會死亡的喔…

……

所以，為了補充死去的細胞，如果沒有不斷製造新細胞的話，人體是無法維持數十年之久的。

是喔…人類雖然無法讓整個身體分裂，但是細胞可以 1 個 1 個進行分裂嗎？

正是如此，妳們看，皮膚底部一直製造出新的細胞，有好幾層喔！

角質層
透明層
顆粒層
棘狀層
基底層
基底細胞

真的耶！

一直在分裂中！

這種分裂旺盛的細胞，稱為「基底細胞」。

基底細胞不斷以分裂的方式，製造出新細胞，以補充被捨棄的老舊細胞。

除了心臟和腦神經的部分組織以外，身體中也會進行相同過程。

108

② 在分裂前，DNA 就已經被複製

❖ **那麼，設計圖呢？**

細胞一直在分裂中，這一點我
已經了解，但是，這時候，細
胞內的基因有什麼變化嗎？

問得好！

剝落⋯

從結論來說，
含有基因的 DNA
也會分裂。

細胞　　　　首先，DNA
　　　　　　增為 2 倍

完全分裂

和細胞分裂有很大的差異，
那就是 DNA 會先增為 2 倍，
然後才進行完全分裂。

從最初增為 2 倍以
後，到分裂為止。分
裂的前後，DNA 長
度保持一致。

＊實際上，目前已知，DNA 增為 2 倍的同時，大多數真核生物之細胞 DNA，會有些許的縮短現象。

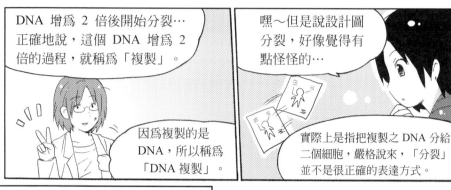

DNA 增為 2 倍後開始分裂…正確地說,這個 DNA 增為 2 倍的過程,就稱為「複製」。

因為複製的是 DNA,所以稱為「DNA 複製」。

嘿～但是說設計圖分裂,好像覺得有點怪怪的…

實際上是指把複製之 DNA 分給二個細胞,嚴格說來,「分裂」並不是很正確的表達方式。

❖ DNA 是雙股結構

先前學過 DNA 的特徵了吧,亞美同學還記得嗎?

呃…嗯…雙…雙路線?

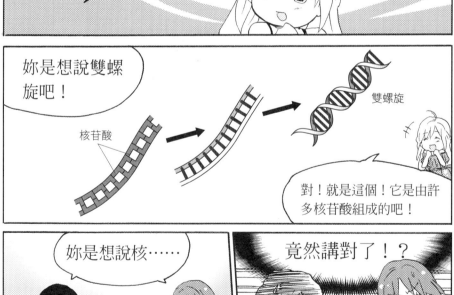

妳是想說雙螺旋吧!

核苷酸

雙螺旋

對!就是這個!它是由許多核苷酸組成的吧!

妳是想說核……

竟然講對了!?

什麼!

呃…那麼為何 DNA 會變成雙螺旋呢？為了解開這個謎，我們去看看吧！

出發囉—！

核苷酸連成長長的一條 DNA，其中「鹼基」部份往橫向突出，形成像梳子般的外形。

鹼基

核苷酸　　　　　像梳子？

二股 DNA 就是由這些「梳齒」的部分，也就是鹼基，組合成雙股…

兩隻梳子組合後之外觀

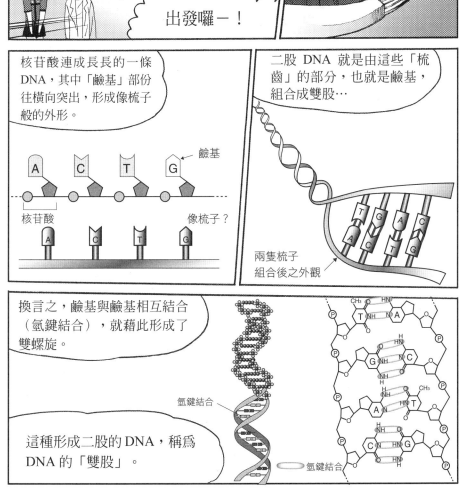

換言之，鹼基與鹼基相互結合（氫鍵結合），就藉此形成了雙螺旋。

氫鍵結合

這種形成二股的 DNA，稱為 DNA 的「雙股」。

氫鍵結合

再來，重要的是要決定鹼基
與鹼基彼此的結合對象。

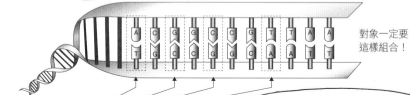

對象一定要
這樣組合！

鹼基配對有其固定規則：如果
一邊的鹼基是A的話，對象必
定是T，一邊的鹼基若是G的
話，對象則必定是C。

意思就是說，若DNA鹼基序
列 是「ACGGCGTTAA」的
話，形成雙股的對象必定是
「TGCCGGCAATT」。

換句話說，一旦其中一股之鹼基
序列被決定，那麼另一股的鹼基
序列便會自動決定。

這個性質在DNA複製
時，是非常重要的，
請妳們務必記牢。

❖ DNA 雙股螺旋是由 DNA 聚合酶進行複製

好！
要開始複製 DNA 了喔！

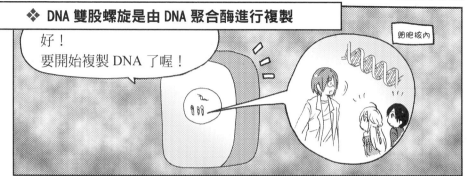

細胞核內

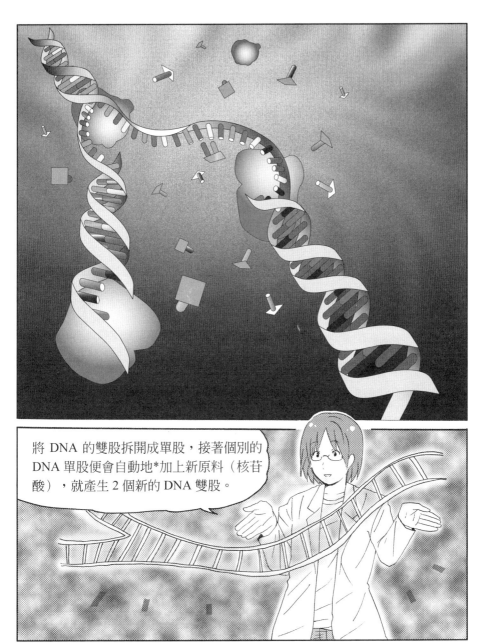

將 DNA 的雙股拆開成單股，接著個別的 DNA 單股便會自動地*加上新原料（核苷酸），就產生 2 個新的 DNA 雙股。

*此處為說明方便而簡略寫成「自動地」，實際上是由酵素作用。

切換成簡易
模式！

咻咻咻

嗚嗚嗚…？

先這樣，再這樣，
什麼東西怎麼變…

那麼，
就切換到簡略
過的影像吧！

各位，我是DNA！

現在起，就讓妳們
看看華麗的「複
製」過程吧！

咿ㄍ一

哦哦！

耶～

呃…
怎麼能簡略化！？

小聲
小聲

看看吧

我要解開了哦！

那麼，請仔細看！！

首先解開開始複製之
「起點」部分的氫鍵－

114

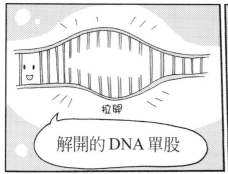

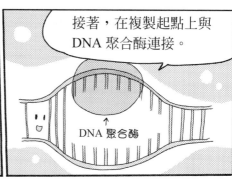

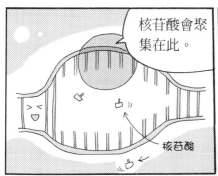

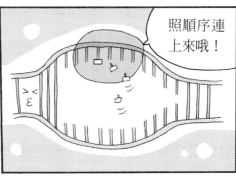

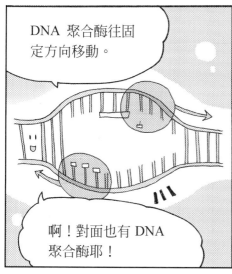

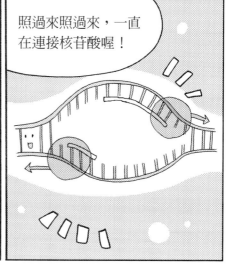

這個作用會在 DNA 的各個地方進行。

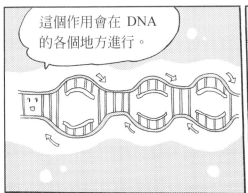

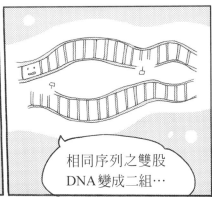

相同序列之雙股 DNA 變成二組…

終於 複製完畢！

分 開 一！

哦哦～ 屬害屬害！

拍手 鼓掌

嗯哼！

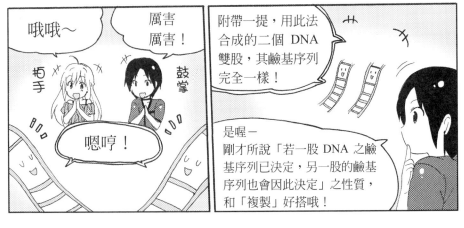

附帶一提，用此法合成的二個 DNA 雙股，其鹼基序列完全一樣！

是喔一
剛才所說「若一股 DNA 之鹼基序列已決定，另一股的鹼基序列也會因此決定」之性質，和「複製」好搭哦！

116

哦？妳是不是不大懂啊？

但是，中間出場的「DNA聚合酶」是什麼呀？

這點由我來說明吧！

喔

喔

正如簡易模式所示，所謂 DNA 複製，換一種說法，就是合成新的 DNA。

執行此合成作用的，就是名為「DNA聚合酶」的酵素。

方才雖說「自動地」，嚴格說來，並非真的自動。

嗯一…好像有點懂了，但是…

那麼，我們就靠近點，去看看 DNA 聚合酶在作什麼吧！

再見～DNA 先生！

拜拜～

拜拜～

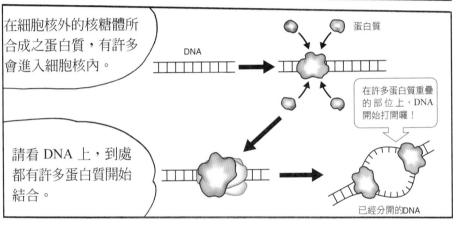

在細胞核外的核糖體所合成之蛋白質，有許多會進入細胞核內。

請看 DNA 上，到處都有許多蛋白質開始結合。

蛋白質

DNA

在許多蛋白質重疊的部位上，DNA 開始打開囉！

已經分開的DNA

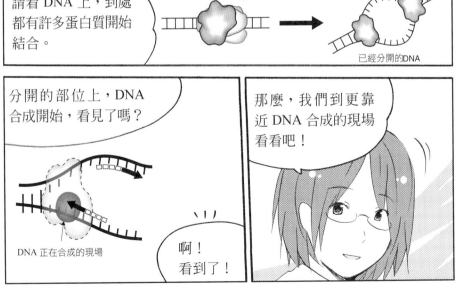

分開的部位上，DNA 合成開始，看見了嗎？

DNA 正在合成的現場

啊！
看到了！

那麼，我們到更靠近 DNA 合成的現場看看吧！

這些大量蛋白質中的一種蛋白質，會去抓住打開成單股的 DNA，再將周遭的 DNA 原料－核苷酸，一個個地黏上去。

核苷酸

正被合成中之DNA 股

聚合酶進行反應之方向

DNA 聚合酶

這種蛋白質就是 DNA 聚合酶。

但是，請妳們仔細看，DNA 聚合酶最初合成的，並不是 DNA 唷！

哦

嘿

事實上，DNA 的合成，是從合成短股 RNA 開始的。最開始被合成的短股 RNA 就稱為「RNA 引子」。

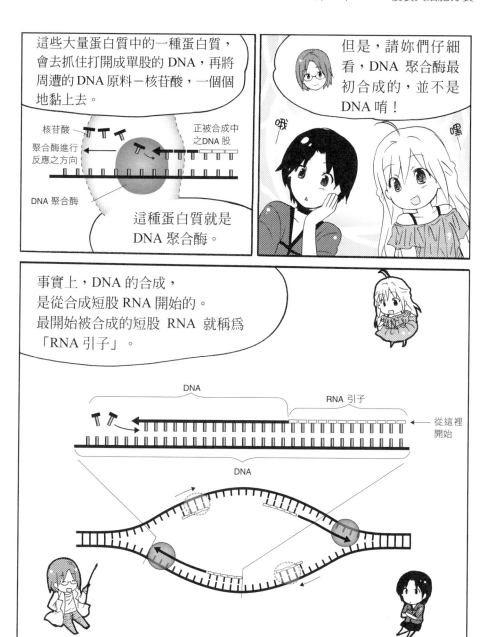

DNA

RNA 引子

從這裡開始

DNA

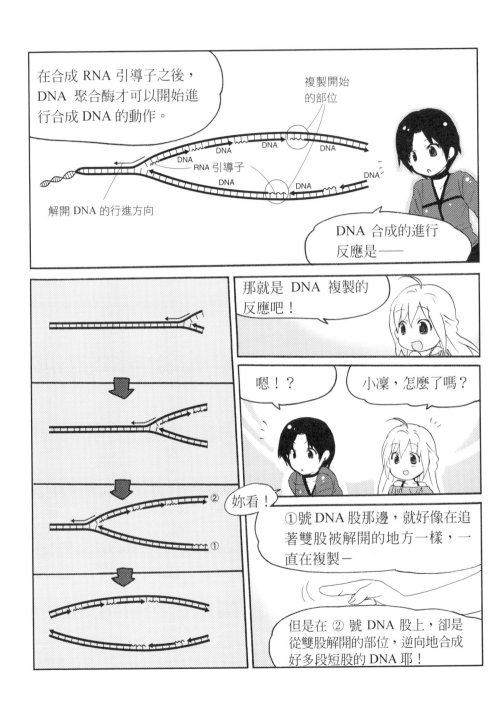

妳看得眞仔細！

事實上，DNA 之雙股，是由方向相反的二股 DNA，以逆向的方式結合而成。

3´ 末端　　DNA 合成方向固定由 5'到 3'。

5´ 末端

5´ 末端

3´ 末端

其中一端稱爲「5'末端*」，另一端則爲「3'末端」。

我有問題！爲什麼會取名爲「5'」或「3'」這種名字呢？

請問一

DNA 的原料核苷酸是由去氧核糖（5 碳糖）、磷酸和鹼基所構成。

5´ 4´ 1´ 3´ 2´　＋　P　＋　A T G C　＝　P 5´ 4´ 1 A 3´ 2´

糖（去氧核糖）　磷酸　　鹼基　　　核苷酸

核苷酸的結構

＊「'」的唸法，宜唸作「prime」，英語唸作「five prime」、「three prime」。

121

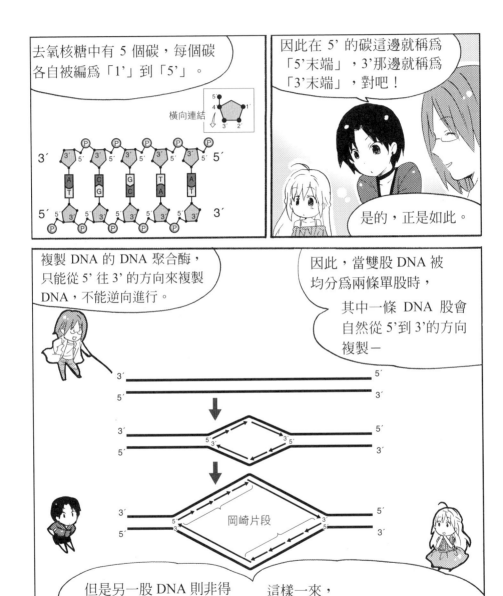

日本的岡崎令治（Okazaki Re-iji）博士發現了這些短的片段，因此，全世界定名爲「岡崎片段 Okazaki Fragment」。

如何？如果到目前爲止都懂了的話，那麼兩位可說是對 DNA 的知識有相當程度的理解了喔！

呃…啊…或許…一定…

發熱

嗯嗯嗯…我有個小問題！

爲什麼 DNA 聚合酶一定要依照 5' 末端到 3' 末端的方向，否則就不能合成 DNA 呢？

唔…嗯…這個嗎…說來話長，這次的補課中，就請先記住，這就是 DNA 聚合酶的性質吧！

眞沒辦法，先放過你吧！

抱歉抱歉

還好，其實我也沒自信能聽懂他的說明。

啊！請看那邊！全部的 DNA 就要複製完成了唷！

123

這麼說來，好像毛呂教授也說過一些和生命有關的話耶。

生命⋯⋯？

無論哪種細胞都有其壽命，使用到某種程度，就一定會死亡唷！

那時候教授的表情是不是有點哀傷啊？

欸？毛呂教授有哀傷的表情？

⋯⋯

只是一時的錯覺嗎～

錯覺錯覺！

⋯⋯

③ 什麼是染色體？

❖ 用色素染了以後才看得見，所以叫「染色」體

 提到細胞分裂，一定會登場的重要角色就是「染色體」了。

 「染色體」是什麼東西呀？

 所謂的「染色體」，會在細胞分裂時，軟趴趴地聚集在細胞正中央，一旦下達「開始分裂！」的指令，就會一口氣被切成兩半，往兩端拉扯，真是神奇。這樣的染色體，承載著遺傳訊息的角色。

染色體，是由名為「組蛋白（histone）」的蛋白質，在DNA中大量結合而成之長網狀「染色質」構造的總合。還記得第一章學到的「串珠構造」嗎？由 DNA 環繞組蛋白1.7 圈而成的串珠構造，以念珠的方式連接在一起。

正確地說，這些「串珠」，也就是「核小體（nucleo-some）」，是由 H2A、H2B、H3、H4 四種組蛋白分子各2 個，共計 8 個，組成為「組蛋白核心」，由 DNA 環繞1.7 圈而成。

由染色質構成的染色體，通常分散於細胞核內，用光學顯微鏡看不見，但在凝聚後會變巨大，就看得見了。

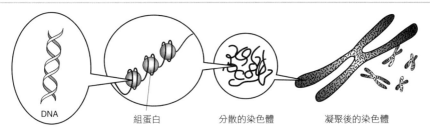

DNA　　　　　組蛋白　　　　分散的染色體　　　凝聚後的染色體

DNA 染色體

 染色體於十九世紀才被發現，由於可用鹼基性之色素完全染色，所以被取名為「染色體（chromosome）」。

❖ 人體中有 24 種染色體

 以人體而言，有 24 種染色體。
染色體之種類（數量）依生物而異，但並不是說，高等生物的染色體種類比較多。

在這 24 種染色體中，有 22 種被稱為「體染色體（autosomes）」，幾乎所有細胞內都各有 2 條。之所以有 2 條，是因為其中 1 條來自父親，另一條則來自母親。

體染色體根據其大小，由 1 號編號至 22 號，分別被稱為如：「第 3 號染色體」、「第 16 號染色體」等。剩下 2 種則被稱為「性染色體（sex chromosome）」，分為「X 染色體」及「Y 染色體」。

顧名思義，性染色體，男女有別。如下圖所示，在男性體內，細胞中有 1 條 X 染色體及 1 條 Y 染色體，但女性則有 2 條 X 染色體，沒有 Y 染色體。

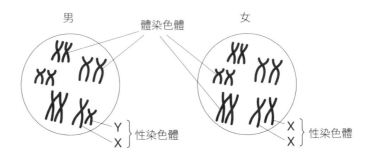

男 | 體染色體 | 女

Y
X } 性染色體

X
X } 性染色體

❖ 凝聚後之粗大染色體，只在細胞分裂時出現

凝聚之粗大染色體只在細胞分裂時才會出現，是由「被複製完成」之DNA、組蛋白，共同以規則的方式，進行無法再更濃縮的凝聚作用。

譬如，想要將大小如 10 塊塌塌米般的布，用剪刀切成兩半，與其直接剪，不如將布對折數次再剪。DNA 也是如此，與其分散於核中，不如凝聚在一起，比較容易進行細胞分裂。

那麼，我們就來看看細胞分裂的狀況吧！

④ 動態的細胞分裂

 DNA 既已成功複製完成，那麼，就要進入下一階段了。

 一旦 DNA 複製結束，就要堂堂進入讓整個細胞「分裂」為二的步驟。
細胞分裂，大致上可分為「細胞核分裂」及「細胞質分裂」二個步驟。

❖ 像是被線牽引般的分裂（細胞核分裂）

 細胞核是 DNA 的收藏庫。細胞分裂是先從這個「細胞核」分裂為二開始。這就是「細胞核分裂」。

 核分裂，你是說像核能發電一樣，大量釋出輻射能嗎！？

 在身體裡面！？咦！

 不是的，細胞核分裂過程中，與有輻射能釋出的核分裂完全不同，請放心。

 原來如此…。

細胞核分裂過程中，複製完成之 DNA（染色體）瞬間緊縮，開始形成那條粗大凝聚之 X 狀染色體。接著，在細胞核旁邊待機的「中心體」，開始向細胞兩極移動。

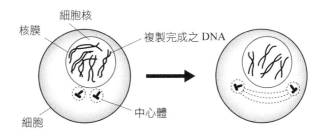

細胞核
核膜
複製完成之 DNA
細胞
中心體

隨著「細胞核分裂」的進行，「細胞核」的形狀逐漸消失。為什麼呢？因為原先包圍著細胞核的「核膜」已經解體。

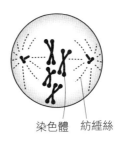

染色體　紡錘絲

啊！中心體的樣子怪怪的！

正是如此。移動到細胞兩端的中心體，會伸出「紡錘絲（spindle fibers）」的線狀物質。這些紡錘絲是由細長的「微小管（microtubule）」所形成。

由於原先包覆細胞核的膜已經解體，有了紡錘絲，複製完成而凝聚的 DNA，才不會散落到細胞質中。

染色體凝聚完畢變粗大，從兩極中心體伸出之線狀紡錘絲，就會伸展到每個染色體中間，與染色體連結。此時，如果有核膜的存在，反而會干擾此一過程。

事實上，核膜的消失，還有另外的理由。這和DNA為什麼只會複製一次，有相當密切的關係。

為什麼紡錘絲會伸展到染色體呢？這對細胞分裂而言，是最重要的現象。

紡錘體

此時，全部的染色體都排列在細胞的中央，作橫向排列，接著，會有數條線（紡錘絲）從細胞的兩極同時伸展出來，形成細絲狀，稱為「紡錘體（spindle apparatus）」。

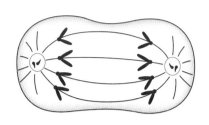

 與染色體連結之紡錘絲，會將排列在中央的染色體，漸漸拉到細胞兩極。

 染色體到達兩極後，會回復成原來的狀態，漸漸地，會逐漸消失，即使用顯微鏡也無法看見。
接下來，原先分解至細胞質內的核膜，會再度形成，漸漸地，在兩極處又開始出現「細胞核」的形狀。

「細胞核」再度形成。

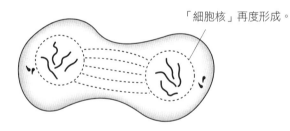

像這樣，與其說是進行細胞核的分裂，不如說是染色體的分裂。或著說，是被「紡錘絲」拉開而進行的分裂。
正因為有此特性，所以稱為有絲分裂。

❖ 細胞中央內陷，細胞完全被分為二個（細胞質分裂）

植物與動物的分裂方式相同嗎？

在細胞核分裂部分，可以視為完全相同。但是在接下來細胞質分裂部分，最後細胞整體被一分為二的過程，動物和植物細胞則大不相同。

在動物細胞的分裂中，細胞正中央會開始凹陷，隨著凹陷程度加大，逐漸變成切成二塊的餅一般，細胞於是一分為二。

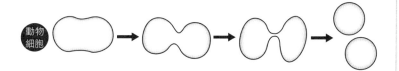

另一方面，由於植物細胞周圍，有堅硬的細胞壁包圍著，所以無法進行這種動作。植物細胞分裂時，細胞中央會從內側出現細胞板，隨著細胞板增大，最後把細胞切成兩塊，進行分裂。

細胞板（cell plate）

就這樣，隨著細胞順利地分裂結束，也將 DNA 完整地傳遞分配給兩個細胞。

⑤ 什麼是細胞週期？

有的細胞會不停地持續進行分裂，有的細胞則不會。如本章一開頭所看到的，皮膚深層的基底細胞就是屬於不斷進行分裂的細胞。當然皮膚基底細胞也有其壽命，最後終究會邁向老化之途，並且不再有能力進行分裂。

細胞的分裂，包括 DNA 的複製、染色體的凝聚變大、核膜消失、紡錘體形成、最後整個細胞分裂為二……，都遵循著一定的步驟來進行。

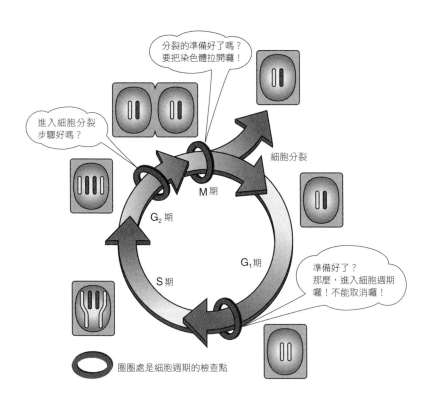

進入細胞分裂步驟好嗎？

分裂的準備好了嗎？要把染色體拉開囉！

細胞分裂

M 期

G_2 期

G_1 期

S 期

準備好了？那麼，進入細胞週期囉！不能取消囉！

圈圈處是細胞週期的檢查點

　　無論分裂過幾次的細胞，進行細胞分裂時，都會一再重覆這些步驟。

　　在這一連串的步驟中，細胞進行 1 次分裂的循環，就稱爲「細胞週期」。細胞週期如下所示，可分成 4 個步驟（G_1期、S 期、G_2期、M期）

● **G_1 期**：DNA複製的準備期。

● **S 期**：DNA複製的進行期。由於複製，指的是 DNA 重新合成，故取「合成」英文字 synthesis 的第一個字母，稱爲 S 期。

● **G_2 期**：分裂的準備期。

● **M 期**：核分裂及細胞質分裂，亦即細胞分裂進行期，取「細胞分裂」英文 mitosis 的第一個字母，稱爲 M 期。

分裂

　　G_1 期與 G_2 期之命名，則是因爲是在 M 期與 S 期之「間」，S 期與 M 期之「間」，故取用「間隔」英文 gap 的第一個字母，再加上數字，依序稱爲 G_1 及 G_2 期。

6 癌症是如何發生的？

　　癌細胞就好像是我們體內原本正常工作的細胞，某一天突然抓狂，不顧週遭細胞眼光，變成一直不斷增殖的細胞。隨著癌細胞不斷增殖，成長到肉眼可見的大小時，就稱之爲「癌 cancer」。

　　正常細胞會變成癌細胞的理由有很多種，但提到其基礎，則是由於某基因失常，導致其放肆地不斷進行分裂。

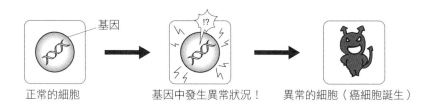

正常的細胞　　　　　基因中發生異常狀況！　異常的細胞（癌細胞誕生）

　　例如，在正常細胞中，會有負責抑制細胞任意分裂的基因（癌抑制基因），但在某些癌細胞中，擔任此一抑制角色之蛋白質基因卻失常無效。無法進行抑制作用的結果，就造成細胞分裂恣意進行。

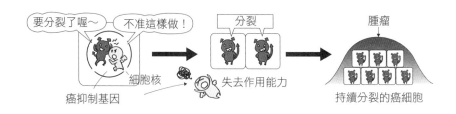

癌抑制基因　　　　　失去作用能力　　　　　持續分裂的癌細胞

　　此外，目前還知道某些癌細胞的形成，則是因爲擔任「促進」角色之蛋白質基因失常，變成「超促進」狀態，因此無論如何努力抑制，都無法壓抑細胞增生。

　　於是細胞分裂反覆進行，產生「癌」，進而妨礙組織與器官的正常作用。

　　多細胞生物，好比是以細胞爲單位組成的一個社會、國家。因此，個別的細胞，不能擾亂社會、國家的秩序。必要時才進行細胞分裂，沒有必要時，就不分裂，各司其職，各守本分。

　　因此，在正常細胞中，都有其對分裂與否的控制機制。依此機制，判定這樣作好不好，是否有仔細地控制細胞分裂的週期，也就是細胞週期。當此一控制機制失常的時候，癌細胞就會因而產生。

第 4 章

蛋白質是如何製造出來的？

❖ 蛋白質是如何製造出來的？

用功後的休息時間最棒了～

呼

這個…小凜…我問妳哦…

怎麼了？亞美？

是關於毛呂教授的事…

對吧！完全沒看到他耶！

就是這樣才要問妳……

?

原來如此……昨晚有這麼一件事喔…

都是因爲亞美認眞的說「博士已經…」，我才會嚇一大跳。

那種面目可憎的老頭，才不會輕易地死掉呢！

啊哈哈……說得也是哦…

但是，人有旦夕禍福啊！

還有許多難治的病。

例如，會威脅我們生命的病：「癌症」。

致癌物質會傷害 DNA，紫外線等也會破壞 DNA。

會造成 DNA 複製時，DNA 聚合酶無法正確複製。

如果發生在基因的重要部分，就會產生不正常基因，進而導致癌症等疾病。

為什麼基因不正常就會導致疾病呢？

因為基因一旦異常，異常基因所製造出的蛋白質，其形狀和性質也會異常。

或者，必要的蛋白質也因此無法合成。

145

基因就是蛋白質的設計圖哦～

血紅素也是，只要產生一點異常，人就會生病…

可是…誰來依照設計圖組成蛋白質呢？

這個問題，現在就來解答吧！

❖ 何謂轉錄作用

蛋白質的合成過程，就是這樣：

遺傳訊息的流動

DNA 複製
↓
RNA 轉錄
↓
蛋白質 轉譯

遺傳訊息藉由 DNA 複製，可以傳遞給下一代的細胞或個體。

這些遺傳訊息，在個別細胞內，由 DNA 轉錄給 RNA，再根據 RNA 來製造蛋白質。

要量產人偶時，首先要製作出「模型」—

喔喔…

人偶的模型

將模型放入模子中

接著製作模版

蓋上蓋子

將鑄模材料倒入，等待凝固

材料

蓋子

將蓋子打開，取出人偶模型—

就可以得到模版了！

← 模版

把蓋子合上，再次倒入鑄模材料。

蓋子

隨時可以製造

和模型一樣的東西了！

模型人偶

複製人偶

由 DNA 轉錄成 RNA，就和這個方式類似。

根據 DNA 模版來製造 RNA 嗎～

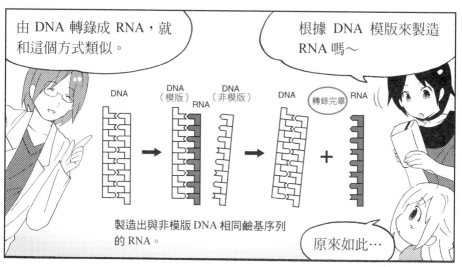

DNA

DNA（模版）　RNA　DNA（非模版）

DNA　轉錄完畢　RNA

製造出與非模版 DNA 相同鹼基序列的 RNA。

原來如此…

這是「遺傳訊息的轉錄」，在第一章中，我們稱為「拷貝 copy」。

從基因轉錄成 RNA 後，就開始進入製造蛋白質的工程。

被轉錄的基因，會因細胞種類而異。

有「無論哪種細胞，都會被轉錄的基因」—

也有「若非神經細胞，就不會被轉錄的基因」或「若非肝細胞就不會被轉錄的基因」。

那麼，會不會有「無論哪種細胞，都無法被轉錄的基因」呢？

！

怎麼了嗎？

沒…沒事，她真是敏銳呀！

事實上，在我們體內DNA中，目前已知，完全不會被轉錄之基因，有許多是在休眠狀態。

真厲害呀！亞美！歪打正著！

急

我不是歪打正著！這叫做靈機一動！

是！是！

別攔我！

有這種特性的基因，被稱為「偽基因（pseudogene）」。學者認為，這些基因是在進化過程中，漸漸失去功能的。

或者可以稱爲「基因殘骸」、「基因化石」。

基因化石……好像有種神秘感呢！

假如本來無法發揮基因作用的「僞基因」，能在某些祕密地方被轉錄而作用的話，一定很有趣吧…

才剛開始學習分子生物學的小女生－

雖說是偶然，但意識到僞基因的存在…！

可是，爲了別讓她混亂，現在還不能說－

其實在僞基因中，有些是可以被轉錄、然後發揮作用的，這點，她應該還沒想到吧？

151

② 染色質與轉錄的機制

❖ 將電話線解開看看吧！

你為什麼要拿著電話呀？

而且還不是無線，是桌上型的…

妳們看，電話線呈螺旋狀捲曲，不覺得很像某種物質嗎？

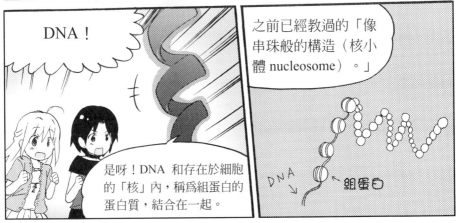

DNA！

是呀！DNA 和存在於細胞的「核」內，稱為組蛋白的蛋白質，結合在一起。

之前已經教過的「像串珠般的構造（核小體 nucleosome）。」

DNA

← 組蛋白

這些像念珠的東西，大量聚集後，會變成「染色質」這種構造。

念珠…

在染色質中，由其性質可知，大致具有兩種不同形狀。

一種是像電話筒的線一樣，拉開伸長，染色質的串珠狀構造沒那麼密集的部分。

30 nm

不密集的部分

密集部分

RNA

旺盛的轉錄作用

另一種則是像話筒線一樣，緊縮在一起，串珠構造會緊密結合在上面，平常的染色質，就是呈現此狀態。

當基因轉錄時，此一念珠結構，會突然變成不密集狀態。

拉～長～

* 在染色質中，有一大塊區域，平時幾乎不會進行轉錄作用，會呈現凝聚狀態。這些染色質被稱作「異染色質 heterochromatin」。

❖ mRNA 是由雙股 DNA 中的一股 DNA 作為模版合成

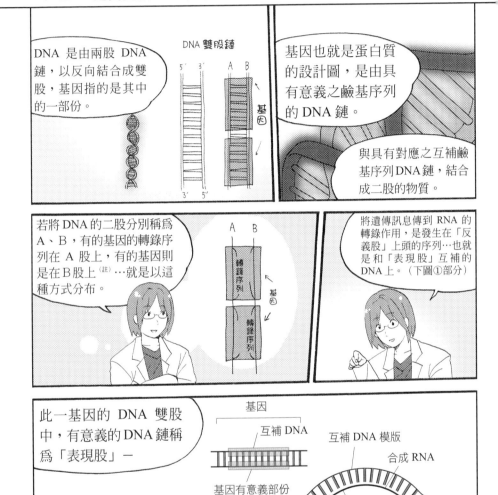

DNA 是由兩股 DNA
鏈，以反向結合成雙
股，基因指的是其中
的一部份。

DNA 雙股鏈

基因也就是蛋白質
的設計圖，是由具
有意義之鹼基序列
的 DNA 鏈。

與具有對應之互補鹼
基序列DNA鏈，結合
成二股的物質。

若將 DNA 的二股分別稱為
A、B，有的基因的轉錄序
列在 A 股上，有的基因則
是在 B 股上^(註)…就是以這
種方式分布。

將遺傳訊息傳到 RNA 的
轉錄作用，是發生在「反
義股」上頭的序列…也就
是和「表現股」互補的
DNA 上。（下圖①部分）

此一基因的 DNA 雙股
中，有意義的 DNA 鏈稱
為「表現股」－

基因
互補 DNA
基因有意義部份
互補 DNA 模版
合成 RNA
此二股為相同序列。

成為 RNA 合成模版的
DNA，則稱為「反義
股」，「反義股」的產
物 RNA，其基因是具
有意義的鹼基序列，

和表現股的鹼基序
列是相同的。

換言之，合成的
RNA，是基因表
現股的「拷貝」。

註：「無意義」基因在分子生物學的一般認知，會被認為是突變的基因！

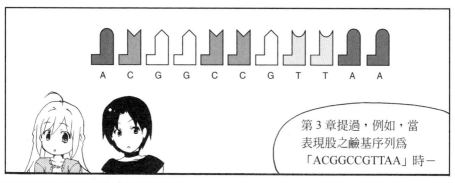

A C G G C C G T T A A

第 3 章提過，例如，當
表現股之鹼基序列爲
「ACGGCCGTTAA」時—

反義股便依序爲
「TGCCGGCAATT」。

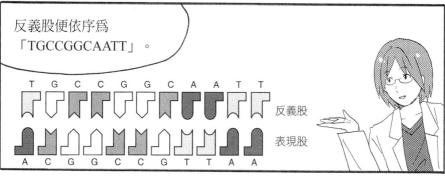

T G C C G G C A A T T

反義股

表現股

A C G G C C G T T A A

將這段「TGCCGGCAATT」當成模
版，自然就可以製作出鹼基序列是
「ACGGCCGUUAA」的 RNA。

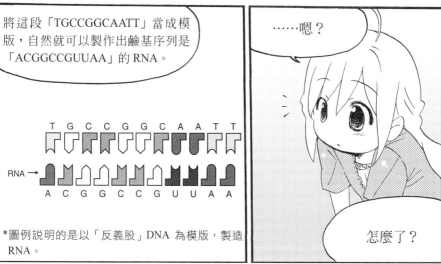

T G C C G G C A A T T

RNA →

A C G G C C G U U A A

*圖例説明的是以「反義股」DNA 爲模版，製造
RNA。

……嗯？

怎麼了？

RNA的鹼基序列和表現股的鹼基序列，有些微妙的不同呢…

啊！真的耶！

妳觀察得真仔細呢！

耶！

但是，關於這一點，等一下才會加以說明（參考 p.165）

跌倒

❖ **讀取遺傳訊息的是 RNA 聚合酶**

是電話線伸長的部份嗎？還是縮起來的部份？

去看看伸長後，轉錄過程進行的情形吧！

那麼，我們就搭乘虛擬微型機，去看看染色質吧！

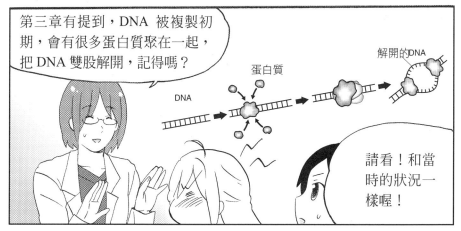

但是，複製 RNA 所需的蛋白質種類，和複製 DNA 時完全不同。

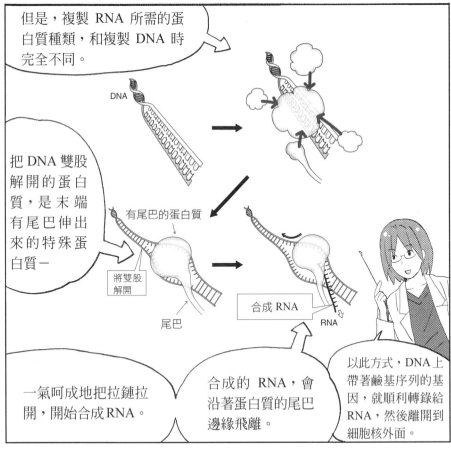

DNA

有尾巴的蛋白質

將雙股解開

尾巴

合成 RNA

RNA

把 DNA 雙股解開的蛋白質，是末端有尾巴伸出來的特殊蛋白質－

一氣呵成地把拉鏈拉開，開始合成RNA。

合成的 RNA，會沿著蛋白質的尾巴邊緣飛離。

以此方式，DNA上帶著鹼基序列的基因，就順利轉錄給RNA，然後離開到細胞核外面。

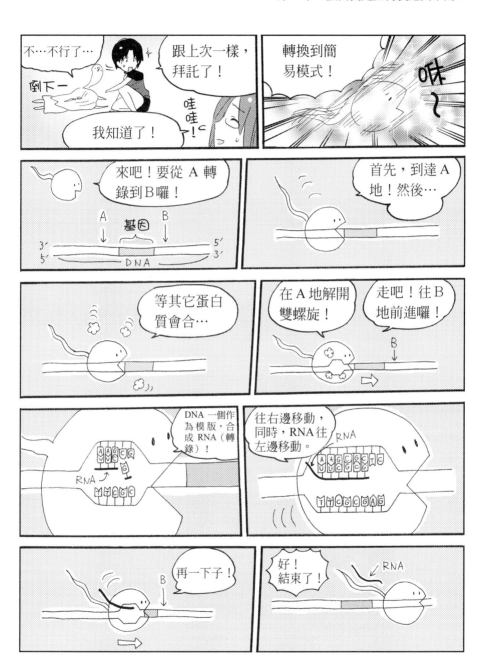

159

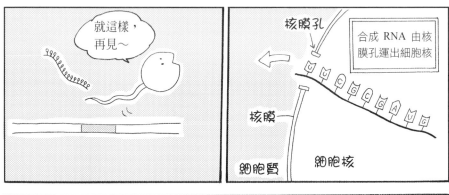

就這樣，再見～

核膜孔

合成 RNA 由核膜孔運出細胞核

←

核膜

細胞質

細胞核

哦哦哦…好容易懂哦…

不愧是簡易模式…

依這個方式，用DNA複製遺傳訊息，然後送到細胞核外的蛋白質合成裝置「核糖體」—

此處送出來作為蛋白質合成說明書的 RNA，就稱為「mRNA（信使（傳訊者）RNA，messenger RNA）」—

我是聚合酶

哇～

負責合成作用、帶有長尾巴的蛋白質，稱為「RNA 聚合酶（polymerase）」。

※真核生物中，正確名稱應是 RNA 聚合酶 II。

160

❖ 轉錄 mRNA 之剪接

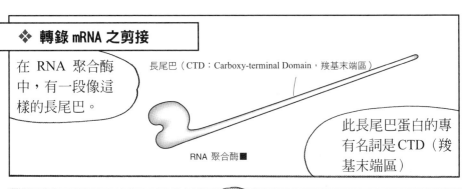

在 RNA 聚合酶中，有一段像這樣的長尾巴。

長尾巴（CTD：Carboxy-terminal Domain，羧基末端區）

RNA 聚合酶■

此長尾巴蛋白的專有名詞是CTD（羧基末端區）

合成的 RNA 會沿著這條長尾巴飛出去。

長～長的尾巴

為什麼 RNA 聚合酶有這麼長的尾巴呢？在這段尾巴上，會發生什麼反應呢？

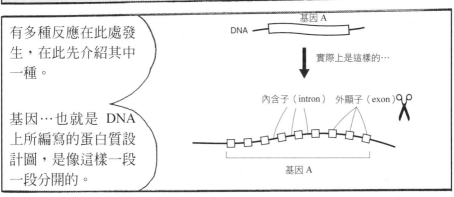

有多種反應在此處發生，在此先介紹其中一種。

基因…也就是 DNA 上所編寫的蛋白質設計圖，是像這樣一段一段分開的。

DNA　基因 A

實際上是這樣的…

內含子（intron）　外顯子（exon）

基因 A

一……一段一段切開！？

設計圖是這樣！？

是哦～

——是的，「設計圖」當中的 DNA 序列被名為內含子（intron，也稱為介入序列，intervening sequence：IVS）之鹼基序列切成好幾個片段，每個片段被稱為「外顯子」。＊

＊雖然 intion 與 exon 較通用的譯名為「內含子」與「外顯子」，但原文字根是「嵌入」與表現」之意，因此稱為「嵌入子」與「表現子」比較貼切。

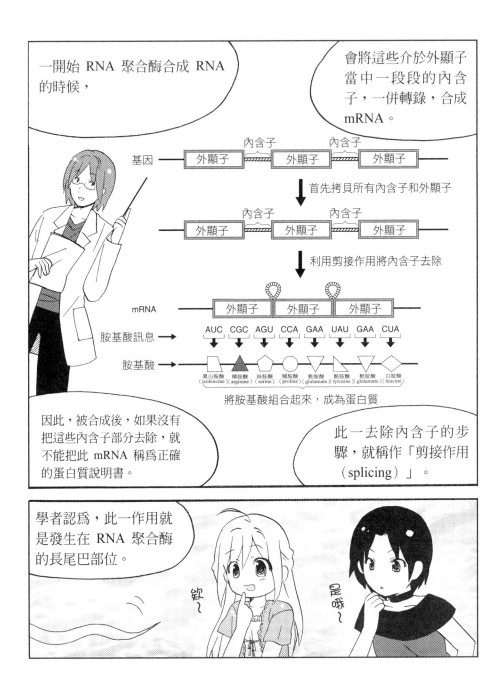

一開始 RNA 聚合酶合成 RNA 的時候，

會將這些介於外顯子當中一段段的內含子，一併轉錄，合成 mRNA。

因此，被合成後，如果沒有把這些內含子部分去除，就不能把此 mRNA 稱為正確的蛋白質說明書。

此一去除內含子的步驟，就稱作「剪接作用（splicing）」。

學者認為，此一作用就是發生在 RNA 聚合酶的長尾巴部位。

❖ 外顯子換移作用（exon shuffling）

小輝老師，為什麼基因是一段一段的呢？

這個問題還在研究階段，有各種不同的假說。

例如細菌之類的原核生物沒有內含子。
或許基因被切成一段段，比較容易讓基因的位置換移，因
而對進化有利也說不定。

基因換移而進化…？？？

把撲克牌比喻為基因，請想像基因是由許多牌組成的情
況。
如果從黑桃 A 到黑桃國王算 1 組基因，紅心 A 到紅心國王
是另一組基因，每張牌是 1 個外顯子的話，那麼紅心和黑
桃基因就是由 13 個外顯子所組成。

在進化的過程中，偶然發生黑桃 4、5、6 的牌和紅心 4、
5、6 的牌互相替換，像這樣的狀況，學者目前認為是可能
會發生的。

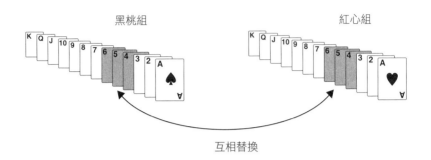

黑桃組　　　　　　　　　　　　　　　紅心組

互相替換

 換言之，依照目前的推測，某二個基因之間若發生了外顯子交換，可能就會產生新的基因。我們人類的基因亦然。目前已經有實例指出：完全沒關係的二個基因，卻含有相當類似的外顯子。這種現象，其實是因為外顯子的「重組」作用，製造出機能不同的基因所造成。

 這就是所謂的「外顯子換移作用（exon shuffling）」，據推測，此作用可能就是造成基因多樣性的原因之一，在生物進化扮演起重要的角色。

 …………。

 呵呵，好像講得有點太難了吧！

3 RNA 是什麼？

❖ RNA 文字

將 DNA 轉錄成 RNA，到此為止，都明白了嗎？

是的。DNA的拷貝就是RNA，也就是說，DNA和RNA是完全相同的物質，對不對？

不對……兩者是不一樣的。
那個，亞美同學，剛才妳不是注意到了嗎？「RNA 和 DNA 的表現股有微妙的差異」，是吧！

……啊！

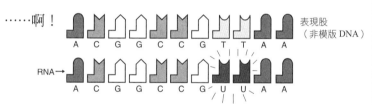

表現股
（非模版 DNA）

那麼，就來說明 RNA 和 DNA 有何差異吧！

在第二章，已經學到，DNA 中可以用 4 種代表字母來表示：腺嘌呤（Adenine：A）、鳥糞嘧啶（Guanine：G）、胞嘧啶（Cytosine：C）、胸腺嘧啶（Thymine：T）。
然後，也學到了，基因是以這4種字母的序列（鹼基序列）來表示的密碼。

你的意思是，讀取此一密碼的 RNA，也編寫有相同的密碼，對嗎？

這個答案……可以說「對」，也可以說「不對」。

？？？

RNA 中也有 4 種代表文字（亦即鹼基），其中 A、G、C3 種和 DNA 相同，剩下的 1 種，不是 T（胸腺嘧啶），而是 U。

胸腺嘧啶（T）　　　尿嘧啶（Uracil，U）

爲何只有這點不同呢？

事實上，這也是正在研究的課題，多數學者推想的「假設」是這樣的：「由於 U 是由 C 變異所得的產物。也就是說，如果 DNA 的代表字母維持爲 U 不變，會造成「本來的 U」和「C 的變異型 U」，無法區別。因此，可能會陰錯陽差，變成修復完的 C。

所以 DNA 就不遺餘力地開發出 T（胸腺嘧啶）囉！

是的，雖然還是假說而已。不過，在分子生物學的世界，還有許多未知的事物，因此還在繼續發展。

❖ 糖不一樣

在第二章已經學過，DNA 的原料核苷酸（去氧核糖核酸），是由磷酸和糖的一種（去氧核糖），再加上「字母」的鹼基組合而成。

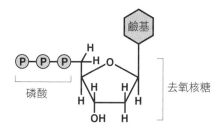

RNA的原料雖然也是核苷酸，正式名稱是「核糖核酸」，同樣由磷酸、鹼基以及糖所組成。但是RNA的糖並非「去氧核糖」，而是單純的「核糖」。

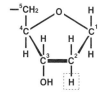

去氧核糖（DNA 的原料）

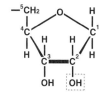

核糖（RNA 的原料）

換言之，DNA 和 RNA 相異之處，除了以胸腺嘧啶取代尿嘧啶以外，還有一點，DNA核苷酸上面的糖是去氧核醣。

去氧核糖和核糖有什麼不同呢？

不同的只有一個地方，是第2個碳（C）上連接之原子，是氫（H）還是羥基（OH）的不同而已。連接的是氫為去氧核糖，連接羥基的是核糖。僅僅這一點不同，造就了 DNA 與 RNA分子性質的重大差異。

性質上如何不同呢？

具有羥基之 RNA，比起具有氫原子之 DNA，其「反應性較高」。理由是，羥基中的氧原子（O）比較容易與其他原子產生反應。

❖ 自由自在的 RNA 與其扮演角色

由於鹼基中的 T（胸腺嘧啶）與 U（尿嘧啶）的不同，以及核苷酸上面的糖不同，這 2 點導致 RNA 分子及 DNA 分子化學性質的不同。除此之外，RNA 和 DNA 的巨大差異還有一點：DNA 會形成雙股，這是我們已經知道的，然而，絕大多數的 RNA，則是以單股來作用。

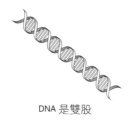 

DNA 是雙股　　　　　　　RNA 是單股

 咦？為什麼呢？如果是雙股的話，不是比較能配對嗎？

 DNA 的狀況確是如此。但是，RNA 呈現單股形態，好處很多。由於呈單股狀態，RNA 不會形成「雙螺旋」式的「頑強」構造，而是一種「自由悠遊」的構造。RNA 具有形成不同形狀的彈性。

 舉例而言，假設單股 RNA 的某段鹼基序列為「AG-GCCC」，又有某段為「GGGCCU」鹼基序列。由於 A 和 U，G 和 C，可以互相結合成對，所以在分子中，可以在此處形成雙股。這樣一來，RNA 便會變成這種形狀。

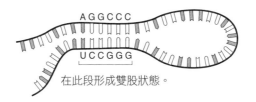

AGGCCC

UCCGGG

在此段形成雙股狀態。

這一點對 RNA 非常重要。RNA 並非只是單純的帶狀分子而已，只要鹼基序列改變，就可以產生不同的形狀。RNA 這種具有彈性變化的特性，讓 RNA 不只是作為拷貝用，而是依照不同形狀，可以有不同功能。

❖ RNA 種類形形色色

所謂的各種功能……可以舉例有哪些功能呢？

最有名的就是形成稱為「tRNA（轉運 RNA，transfer RNA）」及「rRNA（核糖體 RNA，ribosomal RNA）」的構造。這兩種 RNA，在由 mRNA 拷貝遺傳訊息－即蛋白質合成說明書－來合成蛋白質期間，產生非常重要的作用。

好像…讓人有不可思議的感覺。「DNA」這個名詞，雖然多少還聽過，但是對「RNA」什麼的，真是一無所知呢！這樣聽起來，比起 DNA，RNA 好像在許多方面都更活躍耶！

原來如此……看來好像真是這樣呢！RNA 果然比較有彈性說…。

妳們的洞察力真是強呀！

砰！

......

唡？

鴉雀無聲…

......？

已經不會被嚇到囉！我就想，你也差不多該出現了吧？這回又是什麼事啊？

呼…

居然——

呃……也就是說，那麼…

「對生命誕生而言，RNA 扮演著關鍵的角色」這種學說，近年來可是相當熱門哦！

！

由於是單股而富彈性的RNA，相較之下，安定的雙股DNA…

何者較優，不可一概而論，但是，我可以感受到，應該是RNA！

兩位，仔～細聽好了！

正襟危坐…

所謂的學問，並不是只要把知識塞進大腦就好！有彈性的思考和自由的發想，這些是更重要的！要牢牢記住唷！

咚！

意思就是要效法RNA囉！

噗嗤―

哈哈哈

嗯！正是！下次見囉！

哇！每次出現時間還算得真準！

像RNA般地有彈性……嗎？

④ 核糖體與轉譯之機制

❖ 蛋白質合成器：核糖體

接下來，終於要去看蛋白質製造的最後工程—「轉譯（translation）」的樣子了！

DNA → RNA → 蛋白質
複製
轉錄
轉譯

嗡

嗡

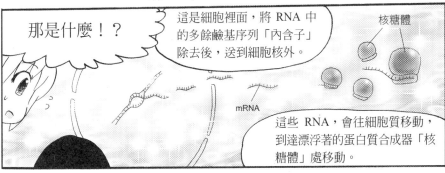

那是什麼！？

這是細胞裡面，將 RNA 中的多餘鹼基序列「內含子」除去後，送到細胞核外。

核糖體

mRNA

這些 RNA，會往細胞質移動，到達漂浮著的蛋白質合成器「核糖體」處移動。

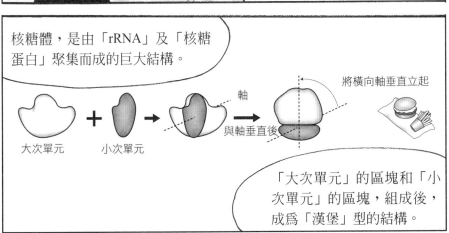

核糖體，是由「rRNA」及「核糖蛋白」聚集而成的巨大結構。

大次單元　　小次單元

軸

與軸垂直後

將橫向軸垂直立起

「大次單元」的區塊和「小次單元」的區塊，組成後，成為「漢堡」型的結構。

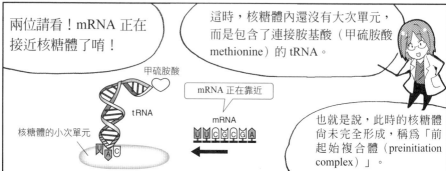

兩位請看！mRNA 正在接近核糖體了唷！

這時，核糖體內還沒有大次單元，而是包含了連接胺基酸（甲硫胺酸 methionine）的 tRNA。

甲硫胺酸

mRNA 正在靠近

tRNA

mRNA

核糖體的小次單元

也就是說，此時的核糖體尚未完全形成，稱爲「前起始複合體（preinitiation complex）」。

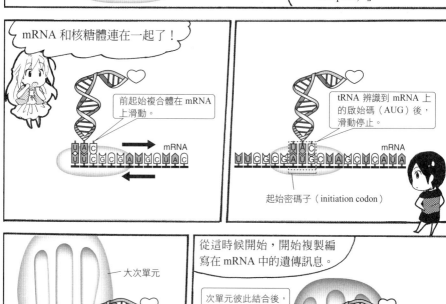

mRNA 和核糖體連在一起了！

前起始複合體在 mRNA 上滑動。

mRNA

tRNA 辨識到 mRNA 上的啟始碼（AUG）後，滑動停止。

mRNA

起始密碼子（initiation codon）

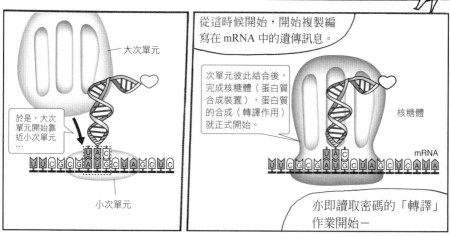

大次單元

於是，大次單元開始靠近小次單元…

小次單元

從這時候開始，開始複製編寫在 mRNA 中的遺傳訊息。

次單元彼此結合後，完成核糖體（蛋白質合成裝置），蛋白質的合成（轉譯作用）就正式開始。

核糖體

mRNA

亦即讀取密碼的「轉譯」作業開始－

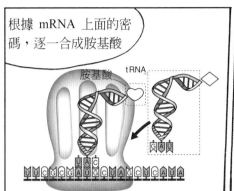

根據 mRNA 上面的密碼，逐一合成胺基酸

進而形成胺基酸鏈

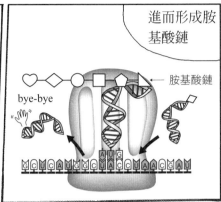

❖ 遺傳密碼的作用機制

編寫在mRNA中的密碼，是A、G、C、U等4種鹼基的排列組合。

在這些 AGCU 之鹼基序列中，每 3 個連續的字母，就是指定 1 個胺基酸的密碼。

唉…這是怎麼回事？

一個胺基酸

假設 mRNA 某部分的鹼基序列為「AUGGCUCAUAGC」，

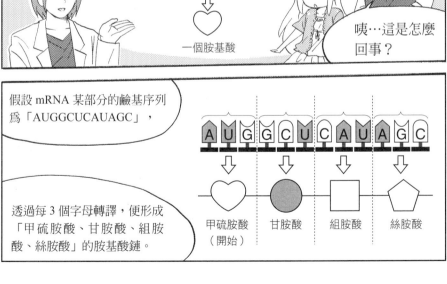

透過每 3 個字母轉譯，便形成「甲硫胺酸、甘胺酸、組胺酸、絲胺酸」的胺基酸鏈。

甲硫胺酸（開始）　　甘胺酸　　組胺酸　　絲胺酸

由此可知，「AUG」是甲硫胺酸的密碼，「GCU」是甘胺酸的密碼，「CAU」是組胺酸的密碼，而「AGC」則是絲胺酸的密碼。

啊！原來如此！

這些 3 個字母所形成的密碼，稱爲「密碼子（codon）」，與其說是密碼，不如說是「規則」。

這些「密碼子」決定了超過 20 種不同的胺基酸。

mRNA 上的密碼被轉譯出來，讓預先決定的胺基酸序列得以順利表現，這就是所謂的「遺傳密碼」。

與各個胺基酸相對應的密碼子，列在下頁的表中。

第 1 個字母	第 2 個字母				第 3 個字母
	U	C	A	G	
U	（UUU）苯丙胺酸	（UCU）絲胺酸	（UAU）酪胺酸	（UGU）半胱胺酸	U
	（UUC）苯丙胺酸	（UCC）絲胺酸	（UAC）酪胺酸	（UGC）半胱胺酸	C
	（UUA）白胺酸	（UCA）絲胺酸	（UAA）終止	（UGA）終止	A
	（UUG）白胺酸	（UCG）絲胺酸	（UAG）終止	（UGG）色胺酸	G
C	（CUU）白胺酸	（CCU）脯胺酸	（CAU）組胺酸	（CGU）精胺酸	U
	（CUC）白胺酸	（CCC）脯胺酸	（CAC）組胺酸	（CGC）精胺酸	C
	（CUA）白胺酸	（CCA）脯胺酸	（CAA）麩胺醯胺	（CGA）精胺酸	A
	（CUG）白胺酸	（CCG）脯胺酸	（CAG）麩胺醯胺	（CGG）精胺酸	G
A	（AUU）異白胺酸	（ACU）蘇胺酸	（AAU）天冬醯胺	（AGU）絲胺酸	U
	（AUC）異白胺酸	（ACC）蘇胺酸	（AAC）天冬醯胺	（AGC）絲胺酸	C
	（AUA）異白胺酸	（ACA）蘇胺酸	（AAA）離胺酸	（AGA）精胺酸	A
	（AUG）甲硫胺酸（起始）	（ACG）蘇胺酸	（AAG）離胺酸	（AGG）精胺酸	G
G	（GUU）纈胺酸	（GCU）丙胺酸	（GAU）天冬胺酸	（GGU）甘胺酸	U
	（GUC）纈胺酸	（GCC）丙胺酸	（GAC）天冬胺酸	（GGC）甘胺酸	C
	（GUA）纈胺酸	（GCA）丙胺酸	（GAA）麩胺酸	（GGA）甘胺酸	A
	（GUG）纈胺酸	（GCG）丙胺酸	（GAG）麩胺酸	（GGG）甘胺酸	G

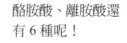

這 20 種胺基酸，由「tRNA」負責，一直送到核糖體為止。

好

給妳——

「tRNA」，顧名思義，就是負責「運送（transfer）」胺基酸的 RNA，也就是擔任傳遞胺基酸角色的 RNA。

何種 tRNA 運送何種胺基酸，也是預定好的，例如—

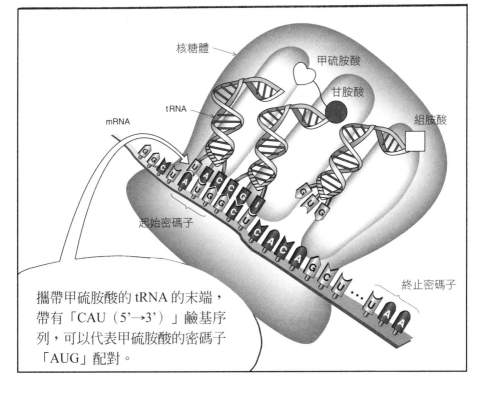

核糖體

甲硫胺酸

甘胺酸

組胺酸

tRNA

mRNA

起始密碼子

終止密碼子

攜帶甲硫胺酸的 tRNA 的末端，帶有「CAU（5'→3'）」鹼基序列，可以代表甲硫胺酸的密碼子「AUG」配對。

178

可以和密碼子配對的 tRNA 上的三個鹼基序列，稱爲「反義密碼子（anticodon）」。

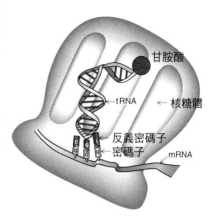

同樣的，轉運甘胺酸的 tRNA 中，含有可和甘胺酸密碼「GCU」鹼基序列配對的「IGC」。

反義密碼子的第一個字母，偶爾會使用「I，次黃嘌呤核苷（inosine）」這種較特別的字母。

「偶爾會使用」，意思是取代其它鹼基？

「取代」這種說法是否適切，說來有些微妙，I 是一種特殊的鹼基，它與位於密碼子的第 3 個鹼基結合，但是結合的力量比其它兩個反義密碼子上頭的核酸來的小。I 可以對應於 A、C、U 三種鹼基其中的一個。因爲這樣「搖擺」的特性，這種鹼基就被稱爲「搖擺（wobble）鹼基」。

撲克牌的小丑牌！

說得也是呢！也許可以說是萬能卡吧！

除了 I 以外，G 和 U 也可以用作反義密碼子的第 1 個字母，形成「搖擺鹼基」，可以和二種鹼基配對。

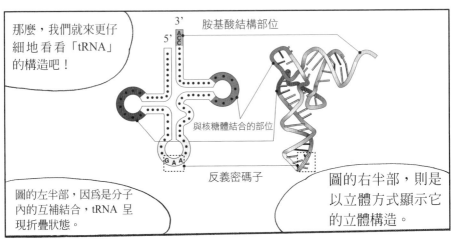

那麼，我們就來更仔細地看看「tRNA」的構造吧！

3'
5'

胺基酸結構部位

與核糖體結合的部位

反義密碼子

圖的左半部，因為是分子內的互補結合，tRNA 呈現折疊狀態。

圖的右半部，則是以立體方式顯示它的立體構造。

嗚哇－，tRNA 的功能好多樣化喔…

正是如此，這都是因為…

RNA 的特徵就是富有彈性，所以可以千變萬化嗎！

正解！

我知道！

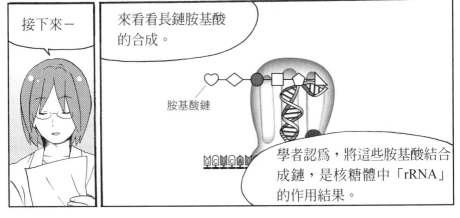

接下來－

來看看長鏈胺基酸的合成。

胺基酸鏈

學者認為，將這些胺基酸結合成鏈，是核糖體中「rRNA」的作用結果。

胺基酸鏈形成後，就會變成蛋白質了吧！？

不，要完全成為蛋白質，還須要 1 個步驟。

mRNA 的最後一段，編寫有「蛋白質合成結束！」的訊息。

這個訊息稱為「終止密碼子（stop codon）」，並不是包含在胺基酸密碼中。「終止密碼子」有 3 種：「UAA」、「UAG」、「UGA」。

終止因子（termination factor）

終止密碼子

「終止密碼子」進入核糖體，會造成什麼反應呢？

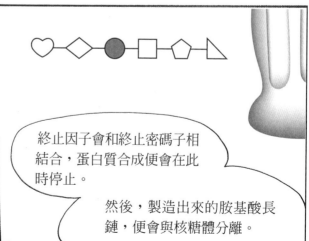

終止因子會和終止密碼子相結合，蛋白質合成便會在此時停止。

然後，製造出來的胺基酸長鏈，便會與核糖體分離。

與核糖體分離的胺基酸長鏈，
接著便被折疊成預定的形狀。

由於其形態是由胺基酸序列所決定，所以就會自動地*折疊形成各種形狀的蛋白質。

完成了！

終於…！？

是的！蛋白質終於完成了！

哇

成功了－！

依照作用目的地，製造完成的蛋白質大致上可分爲「細胞外作用蛋白」及「細胞內作用蛋白」。

耶！

細胞內作用蛋白，則是在蛋白質折疊定形後，立即在細胞內開始作用。這些蛋白會被送到細胞內的預定部位，開始作用。

就是這樣。

細胞外作用蛋白，必須經過內質網、高基氏體等胞器中的醣類修飾，再將運輸到細胞外而發生作用。

萬歲－

萬歲－

妳們給我聽到最後！

＊正確説來，並非自動，而是需要其它蛋白質，例如伴隨蛋白（chapetone）的輔助力量來折疊。

第 **5** 章

分子生物學的技術與應用

分子生物學的基本知識，到現在全部已經教完了。

明天是補課的最後一天，預定由毛呂博士親自授課。

終於到最後一天了啊～總算可以和教授見面了呢！

讓小輝老師教就好了嘛～

呵呵……，那麼，今天也辛苦妳們了。

謝謝老師～！

對了，明天博士
的上課內容是…

轉身！

千萬不要遲到哦！

！？

啊…明天早起
一點吧？

說…說的也是哦！

啊！

嘩沙一

發現超迷你酒精怪人！

欸！？

哇！真棒！是星砂耶！

小輝老師有教過，他說這些星砂是叫做「有孔蟲」的原生生物骨骼。

嘿～那牠原來是活在海裡面的啊！

不過…現在已經死了唷…

那個…小凜，所謂的「生命」…

究竟是什麼呀？…

186

吃飽後，請到地下室來。

門後。

！！

毛呂教授的研究所，還有地下室哦！

好…好可怕…

嘰…

怎…怎麼一片漆黑呀…

小輝老師？

毛呂教授在嗎？

等一下，小凛，要進去嗎？

嗄…

不進去不行啊…

188

❖ **操作 DNA**

門後先生他現在正忙著協助處理我的研究呀…

上完課,他和我就會碰面了。

原來如此。

好可憐哦一

呼…

那麼,我要繼續囉!

這次補課一開始就提到,生病時,身體或細胞內有某種分子的形狀會變得怪怪的一

因為其作用失常,結果導致某些物質產生,還記得這段話嗎?

是!我記一得!

也就是說,研究分子生物學,可以找到不治之症和其他疑難雜症的原因,也許就可以找出治療法,對吧?

蛋白質的異常和缺乏。

正是如此!

由於「蛋白質」缺乏或是失去正常機能所導致的疾病，可是非常地多哦！
所以才要調查蛋白質的設計圖，研究如何用人爲方式操作設計圖。
一旦解開了生病的原因，就可以研究治療方法了呀！
蛋白質的設計圖…就是基因的事囉？
調查基因、操作基因……要怎麼做呢？

❖ 品種改良與基因重組技術

這就是今天上課要講的內容。
若是不好吃，生產者和消費者都會很失望吧！
舉例來說，在栽培農作物時，由於害蟲的危害，植物很快就會枯萎。
截至目前爲止，人類已經爲了生產「更好吃的作物」或「更容易栽培的作物」進行品種改良，採取許多不同的操作方法。

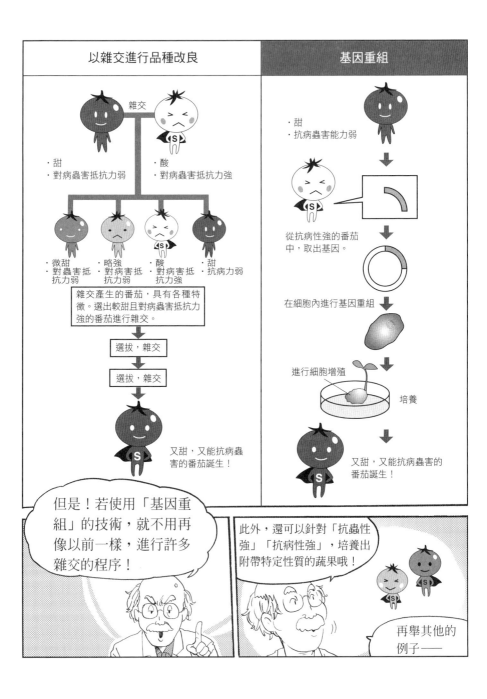

胰島素這種蛋白質，具有降低血糖值的作用，雖然可被用來做爲糖尿病的治療用藥，但由於傳統是從動物臟器中取出，所以無法大量生產完全適用於人體的胰島素。

人體胰島素基因 DNA

基因重組

細菌（後述）

人體胰島素基因

導入大腸桿菌內

大腸桿菌生產大量人體胰島素。

人體胰島素

然而，如果利用基因重組，將人體的胰島素基因「導入」到大腸桿菌中，就可以大量生產供作糖尿病治療用藥的胰島素了！

「導入」是什麼呀？

這麼說來，「基因重組」究竟是……？

那麼，所謂的基因重組技術，是什麼呢－？

用這個例子來說明吧！譬如，將人體中「蛋白質 A」的設計圖「基因 A」，導入到大腸桿菌內，以大量製造蛋白質 A。

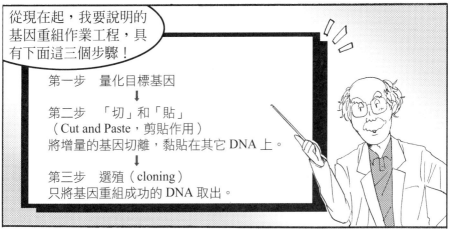

從現在起，我要說明的基因重組作業工程，具有下面這三個步驟！

第一步　量化目標基因
　　　↓
第二步　「切」和「貼」
（Cut and Paste，剪貼作用）
將增量的基因切離，黏貼在其它 DNA 上。

第三步　選殖（cloning）
只將基因重組成功的 DNA 取出。

注意，這裡所說明的，是基因重組中最基本的作業…

實際上真正的基因重組技術，由於目的不同，複雜度也會相對提高，希望大家別誤解。

❖ 基因重組的例子

第一步 目標基因的增殖

　　雙螺旋的 DNA 分子大小，只有 2 奈米（nm）而已。1 奈米等於 10 億分之 1 公尺（100 萬分之一毫米）。由此可知，基因的本體 DNA 非常小，肉眼是看不見的。

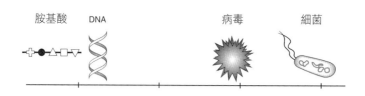

　　眼睛看不見的東西，處理上當然很困難吧！到底要怎樣才可以「讓眼睛看得見」呢？

　　還記得嗎？本書一開始的時候，介紹過水。1 個 1 個的水分子，眼睛也是看不見的。但如果把這些分子大量聚在一起的話，就成爲我們所熟悉的液體「水」。同樣的道理。雖然獨立的時候，眼睛看不見，但只要增加數量，不就可以看見了嗎！

　　爲達到此目標，有一種技術，稱爲 PCR（聚合酶連鎖反應）。PCR 是指一種可以大量複製帶有特定序列的 DNA 片段的技術。利用此一技術，可將擴增後的 DNA 片段取出，再利用試劑檢測出，是否已成功地取出此一目標片段（PCR的作用機制，請參照後面）。

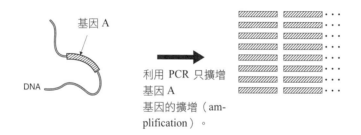

人類和小鼠等的基因，經過系統地擴增後，基因的總合可稱爲「cDNA圖書館，或簡稱cDNA庫（cDNA library）」，是一種「基因的資料庫（database）」，研究人員可以在當中選殖到目標基因。通常cDNA庫是以微量溶液狀態販售給研究人員。現在，假設有一種含有基因A的cDNA，使用這種cDNA，讓我們開始利用PCR來擴增基因A吧！

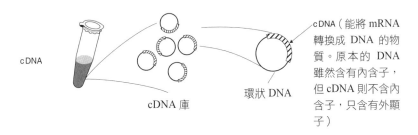

cDNA

cDNA 庫

環狀 DNA

cDNA（能將 mRNA 轉換成 DNA 的物質。原本的 DNA 雖然含有內含子，但 cDNA 則不含內含子，只含有外顯子）

第二步　剪貼作用（Cut and Paste）

　　接下來要將擴增後的基因A，插入其它DNA，這個技術就是基因重組的中心。

　　這個技術的原理，就是剪接（Cut and Paste）。和使用電腦時，將某段文章或詞語插入其它段落的方式相同。

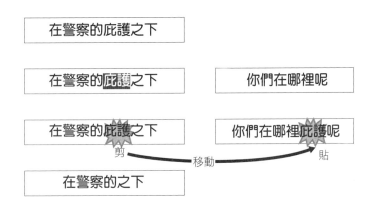

　　首先，在第一步驟，將擴增完畢的基因 A 兩端「切掉」，製造出「黏貼部位」。用來「切」的剪刀，是稱爲「**限制酶**（restriction enzyme）」的特殊酵素。

　　咦？黏貼部位？黏貼部位是什麼呀？

　　限制酶是切斷 DNA 的酵素，「我只切這種鹼基序列的地方」，可說是極爲專一的酵素，也是一種非常單純的酵素。

　　舉例而言，稱爲 *Eco*RI 的限制酶，就只會切斷「GAATTC」的鹼基序列哦！仔細看看下圖的鹼基序列，雙股的相對應鏈鹼基序列，上面是「GA-ATTC」，下面從反方向念過來也是「GAATTC」。在這個部份，*Eco*RI 就像是完全爲了製造出黏貼部位，而故意切成梯狀。

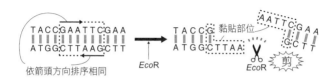

因此，在利用 PCR 擴增基因 A 的時候，就是把兩端預先製造出黏貼部位的鹼基序列，加以擴增即可。（詳見P.216）

　　再來，爲了能將附有黏貼部位的基因 A，順利「貼」在要插入的目標 DNA 中，目標 DNA 的插入處也要帶有同樣的黏貼部位，用同樣的限制酶切斷。

　　接下來，把兩個用同樣限制酶切斷的 DNA（基因與目標 DNA）合起來，用稱爲「DNA黏合酶（ligase）」的酵素，將黏貼部位「貼」起來，就大功告成了！

第3步 選殖（cloning）

關於上文中曾經多次出現的「插入目標DNA中」，有個疑問：為何一定要大費周章地把基因A插入其他的 DNA 呢？

其實，若將某種生物的基因導入，為了要讓此基因可以作用（表現出來），就必須利用上述的剪貼方式，把這個基因插入專用的「搬運工」（由DNA 所組成）裡面。

這樣的搬運工，稱為「**載體**（vector）」，是由圓環狀的DNA（稱為環狀 DNA）所形成。載體這種環狀 DNA 物質，原本是來自大腸桿菌等細菌內含的「質體（plasmid）」。但由於研究人員的研發，現在已開發出根據不同目的而使用的各種載體，或是源自病毒的載體。

質體在細菌中，原本就具有任意複製的特性。因此，用此質體形成的載體，插入基因A後，再導入實驗室中可簡單增殖的微生物細胞內，例如大腸桿菌（導入法中，有諸如電擊法等各種方法）。如此一來，就可以大量增殖。

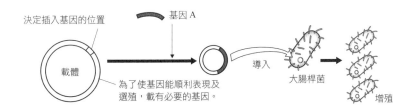

決定插入基因的位置　基因 A

載體

為了使基因能順利表現及選殖，載有必要的基因。

導入　大腸桿菌　增殖

接下來，將增殖完畢的大腸桿菌破壞，純化取出 DNA，就可以得到大量嵌入基因A的環狀DNA「殖株（clone）」。這就是基因A的「選殖（cloning）」。

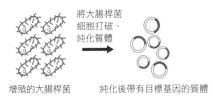

將大腸桿菌細胞打破、純化質體

增殖的大腸桿菌　　純化後帶有目標基因的質體

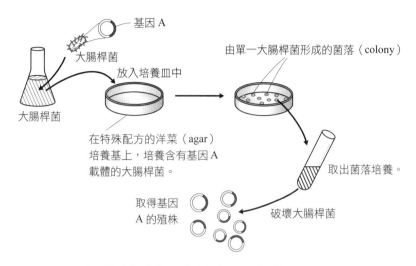

註：所謂菌落，指的是細菌增殖到肉眼可見的群落。

接下來，若培養出大量的大腸桿菌，就可進一步從導入的基因 A 製造出蛋白質 A，如此就可得到大量蛋白質 A。在這種狀況下，若添加某種化學物質到大腸桿菌的培養液中，就可讓基因 A 表現並合成蛋白質，這就是設計載體的用意。

現在不只大腸桿菌等細菌，連昆蟲細胞、哺乳類細胞等各種細胞，都可用來製造蛋白質，也各有其專用載體。

❖ DNA 檢測與抽取的方法

前面提過，基因可以擴增到肉眼可見為止。這個意思是說，用 PCR 擴增的基因，可以擴增到像放在盤子上那麼多嗎？

擴增的意思並非如此。雖說是擴增，但只是擴增到可以用「電泳」法來分離 DNA，使用紫外線照射時，DNA 會發光的，只是這樣的程度而已。

首先，在洋菜板末端的小孔內，加入含有 DNA 的溶液，然後通電。由於 DNA 帶有負電荷，會在洋菜中呈直線移動，與特殊試劑反應後，照射紫外光，就會看見 DNA 發出亮光。

依照發光的部位，用美工刀切下洋菜，就可取出相同長度，有相同鹼基序列的 DNA。接著溶解洋菜，用酒精沈澱出 DNA。如此一來，就可以取得大量純度高的擴增 DNA（鹼基序列、長度一致的 DNA）在基因重組中使用。

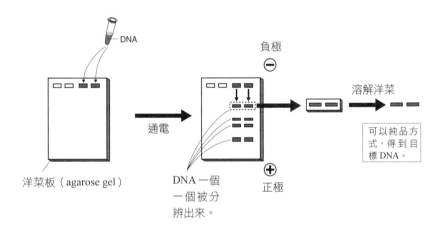

DNA

通電

洋菜板（agarose gel）

負極
⊖

DNA 一個一個被分辨出來。

正極
⊕

溶解洋菜

可以純品方式，得到目標 DNA。

❖ 轉基因動物（Knock-out Mice）

基因重組技術，除了應用在農作物改良、藥劑的大量生產上，在其它許多研究中，也有其貢獻呢！

首先，在分子生物學的研究發展中，就有許多應用！
例如，培養某一基因，導入細胞中，去分析細胞的反應
……

從細胞如何變化，就可以知道，這個基因所產生的蛋白質具有什麼性質。

正是如此！使用基因重組技術，對於某種未知功能的蛋白質，可以輕易調查它在細胞中所具有的功能。
當然，並不限於細胞的研究哦－

例如，研究動物的發生過程，可以將基因導入發生初期的細胞，成長後整隻動物的所有細胞都具有重組的基因。因此，如果將具變異性的基因導入到動物體內，就可以藉此研究動物的變化，所以，「轉基因動物」的誕生，也是「基因重組」的應用。

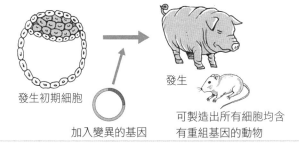

發生初期細胞

加入變異的基因

發生

可製造出所有細胞均含有重組基因的動物

轉基因的動物中，研究時很常使用的就是基因剔除小鼠
（knock-out mice）。

為了調查特定基因的作用，可將阻斷此基因作用的 DNA，
利用基因重組技術，導入從受精胚取出的「ES 細胞」內。

 ＥＳ細胞是什麼呀？

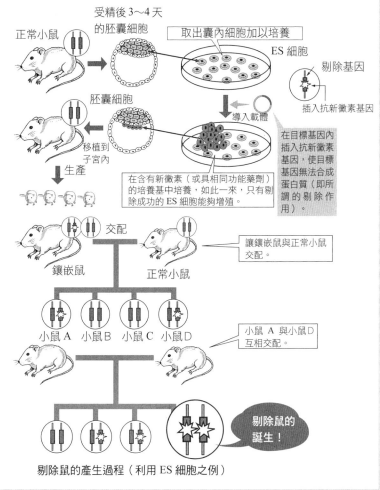

正常小鼠

受精後 3～4 天
的胚囊細胞

取出囊內細胞加以培養

ES 細胞

剔除基因

插入抗新黴素基因

在目標基因內
插入抗新黴素
基因，使目標
基因無法合成
蛋白質（即所
謂的剔除作
用）。

胚囊細胞

移植到
子宮內

導入載體

在含有新黴素（或具相同功能藥劑）
的培養基中培養，如此一來，只有剔
除成功的 ES 細胞能夠增殖。

生產

交配

鑲嵌鼠

正常小鼠

讓鑲嵌鼠與正常小鼠
交配。

小鼠 A　小鼠 B　小鼠 C　小鼠 D

小鼠 A 與小鼠 D
互相交配。

剔除鼠的
誕生！

剔除鼠的產生過程（利用 ES 細胞之例）

*實際上，也需考慮除了新黴素耐受性以外的因素。

ES 細胞的全名爲胚胎幹細胞（embryonic stem cell），是具有潛力轉變成各種不同細胞的「萬能細胞」。

將目標基因阻斷後的 ES 細胞，再植入小鼠胚胎中，進行胚胎發生過程，使小鼠的體細胞基因作用受到阻斷（被剔除），這樣的小鼠就稱爲鑲嵌鼠。如 p.202 的圖所示，經過多次交配後，在生下來的子代中，可產生全身細胞的基因均被剔除的小鼠，稱爲剔除鼠。

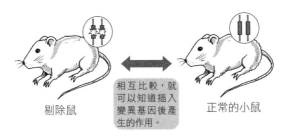

剔除鼠

相互比較，就可以知道插入變異基因後產生的作用。

正常的小鼠

紫外線　　　例如：用紫外線處理剔除鼠時…

剔除鼠

如果比起正常鼠，剔除鼠較容易罹患癌症的話，那就表示，此基因具有某作用，可在紫外線照射下防止癌症發生。

將剔除鼠與正常小鼠相比較，研究兩者間的差異，就可以推測被剔除的基因具有何種作用。
2007 年的諾貝爾生理學醫學獎，就是頒給利用 ES 細胞製作剔除鼠的三位科學家。

② 基因診斷與基因治療

❖ 檢查基因可以預防疾病？

有沒有聽過「代謝症候群」這個名詞呢？

我父親有「代謝症候群」…

等等，妳父親是不是因為腰圍超過 85 公分，所以你說他有「代謝」問題呢？這樣就搞錯了喔！

不是這個意思。

正確說來，所謂的代謝症候群，是指內臟脂肪型肥胖的人，患有高血糖、高血壓、高血脂症這三種病症任二種。所謂腰圍超過 85 公分，是以日本男性為基準。
高血壓或高血脂症等疾病，是由於飲食方式或運動量及生活型態所導致的，所以也稱為「生活習慣病」。生活習慣病還包括腦尿病、心肌梗塞、腦梗塞、大腸癌等會致死的重病。

原因畢竟還是運動不足、暴飲暴食之類的吧？

一般人許會如此認爲，但在這些疾病中，調查的結果不只生活習慣，遺傳也是一個很重要的原因。

！

你說，遺傳也是造成生活習慣病的原因？

假如一個人具有某種變異基因，就「比較容易罹患」某種生活習慣病，這個研究已經有了統計學上的證明。

那麼，就不只是個人生活習慣的原因囉！
正是如此。而且，所謂基因的變化，大多都只是 DNA 上某 1 個字母（鹼基）變成其它字母而已，就可能因此造成罹患心肌梗塞的風險增加，或較易得到癌症等。

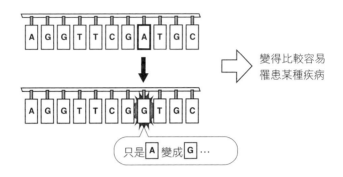

只是 A 變成 G …

⇨ 變得比較容易
罹患某種疾病

註：這裡是觀念圖，此鹼基排列順序，並非表示容易罹患某種特定疾病。

最近的研究，可以證實「某個基因的某個部份，從什麼變成什麼的話，會容易提高心肌梗塞的風險」這類的研究結果。如此一來，一旦檢查完自己的基因，那麼將來會有罹患某種疾病的風險，或是具有較高的得病機率等資訊，就可以事先加以預測了。

將來容易生的病嗎……有點可怕呢。我可不想知道喔！

我想要知道！因為啊，先知道的話，就可以先作準備。

妳說的「作準備」是指？

作什麼喔……嗯…啊…心理準備吧！

206

心理準備也好啦！若能根據「基因診斷」預先知道自己容易生的病，可以有「生活習慣只要這樣改變就好」，或者「那樣做的話，就可以延緩發病時間」之類的方式，如此一來，就可以發展出「預防療法」。

 對！我就是這個意思！

 嗯……聽起來好像還真有道理……。

❖ **基因治療**

 此外，最近還有所謂「基因治療」的嶄新療法。

 我有聽過！「基因治療」！

 這是什麼樣的治療法啊？

 當基因異常，而此一基因對存活非常重要，要是發生異常生下不久就可能會立即死亡，或者還沒長大就會夭折！

為了挽救性命，可以將正常基因插入專用載體中，以人為方式導入細胞，加以治療。這種治療法，就稱為「基因治療」。

導入正常基因

 哇－好厲－害！

 世界第一個基因治療的成功案例，是在 1990 年時在美國所完成的。

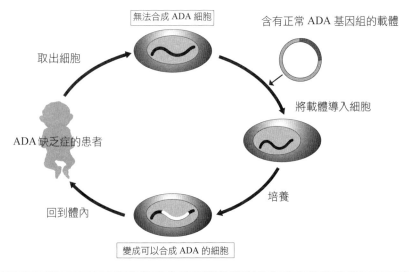

無法合成 ADA 細胞

含有正常 ADA 基因組的載體

取出細胞

將載體導入細胞

ADA 缺乏症的患者

培養

回到體內

變成可以合成 ADA 的細胞

這種治療法，是針對腺嘌呤核苷去胺酶（adenosine deamin-ase, ADA）缺乏症，也就是先天缺乏核酸（包括 DNA 與 RNA 的核酸）代謝的相關基因（ADA 基因），而將正常 ADA 基因注入人體細胞的治療法。

所以，基因治療在日本也在進行，是一種任何疑難雜症都能治療的夢幻治療法囉！

不，沒那麼簡單。

嗯…為什麼呢？

雖然日本在 1995 年也對相同疾病進行基因治療，隨後也對腦瘤和乳癌病患實施基因治療，但由於對象有其資格限制，而且還在研究階段，所以還無法大量使用在臨床治療上面。

要擷取人類基因，從倫理觀點來看，有許多限制，特別是針對生殖細胞的治療，由於會對後代產生影響，所以尚未得到許可。

母親

對生殖細胞進行的基因治療，其影響不只是受治療個體，還會延續到後代。

孩子

嗯…的確，操弄基因總是多少會讓人覺得，已經冒犯到「神明的領域」，難怪會以倫理加以制約…。

同時，基因治療還須耗費大量人力和金錢，因此現實的狀況，仍限定在像 ADA 缺乏症等，一般治療法束手無策的疾病。

但是…但是…！

我知道妳想說什麼。當然，我們也不能忘記，有許多患者，都在引頸期盼著基因治療研究的進展！

真是個兩難的問題呢…。

…………。

③ 現代的里奧納多・達文西在哪裡？

❖ RNA 的文藝復興時代

　　據說在人類生命誕生以前，曾經有過所謂的「RNA 世界」。也就是說，在 DNA 誕生之前的世界中，當時的基因是由 RNA 來擔當的。這是一種假說。

　　隨著時間的演進，本來由 RNA 作為基因的任務，漸漸轉交成由較安定的物質－DNA 來擔任，因而誕生了現在的「DNA 世界」……。

　　大家儼然認為，是 RNA 將主角讓位給 DNA。

　　然而，事實恐非如此！

　　假如剛好相反，其實是 RNA 掌握了主導權呢？

　　像這樣的思考，所得到的研究成果，最近在世界如雨後春筍般地出現。

　　事實上，在當今分子生物學的世界裡，比起 DNA，更應說是屬於 RNA 的時代。近來，RNA 的相關研究更有百花盛開的榮景，有許多研究齊頭並進。有些研究人員，將這種狀況稱為「RNA 的復興時代」。

　　文藝復興時代，是在世界歷史中，13 世紀到 15 世紀期間，在歐洲所發生的藝術與思想的革新運動。其中以繪製「蒙娜麗莎」的里奧納多・達文西尤其出名。這是用來比喻現在 RNA 的研究，已經再度席捲這個世界。或許這麼說有些誇張，但是，以前被認為不過是「複製」的 RNA，引起了眾人的矚目，這一點，倒是千真萬確的。

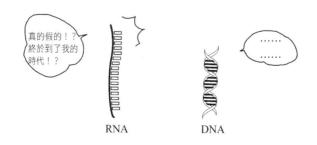

RNA　　　　　DNA

❖ 干擾、妨礙的 RNA

2006 年的諾貝爾生理學醫學獎，頒發給發現「RNA干擾」現象的 2 位美國分子生物學家安德勒 Z・費亞及克雷格 C・梅勒。RNA？RNA 能怎樣進行「干擾」呢？如何表現「妨礙」的行為呢？

事實上，某種短 RNA，會對複製遺傳訊息的分子 RNA，產生「干擾」的影響，有時還會分解此一 mRNA。

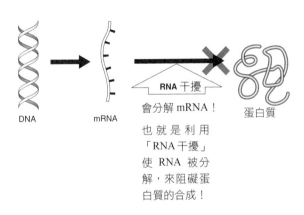

DNA　　　　mRNA

RNA 干擾
會分解 mRNA！

也 就 是 利 用
「RNA干擾」
使 RNA 被 分
解，來阻礙蛋
白質的合成！

蛋白質

這是最糟的狀況。因為 mRNA 一旦被分解，就不能進行蛋白質合成了。

咦？這種最糟的作用機制，為什麼可以得到諾貝爾獎？

以下就是得獎的原因。

雖然對 mRNA 是最糟的結果，但其實對細胞整體而言，這種「干擾」作用卻能反過來利用，用來改善狀況。這是因為 mRNA 分解的結果，會抑制此一基因的表現，藉此便可維持基因表現的平衡。剛開始，學者認為，這個作用是用來防制病毒的機制，但最近研究發現，這種會「干擾」的「短RNA」，在人體內其實還有許多其它功用。

無論何種社會，只要有促進某些事物的人存在，就會有抑制某些事物，以維持社會良好平衡狀態的人存在。基因的表現亦然，也是建立在這樣的平衡狀態上。此一構造健全的系統，目前已知，是以 RNA 為中心而建立。

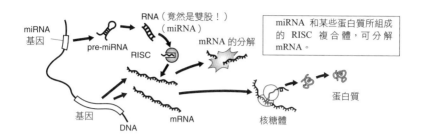

tRNA和rRNA也有類似的情形。這些被命名爲「低分子干擾RNA（siRNA）」與「微小RNA（miRNA）」的「短 RNA」，由於和mRNA不同，無法做爲蛋白質合成的說明書，依功能不同而稱爲不同的「機能 RNA」。在小鼠體內的基因組，已知有超過 70% 的 DNA，都會轉錄成 mRNA 及這些機能 RNA。人類也是如此，我們的基因組中有許多部份，用類似的方式來製造 RNA 喔！

只是，像RNA 干擾一樣，雖然其扮演角色已經漸趨明朗，但大多數的RNA，爲什麼會產生這樣的作用，其意義仍然不明。

❖ RNA 可以用來治療疾病嗎？

隨著RNA研究的進展，使用RNA 來治療疾病，或者設法把RNA 製成藥劑，讓它可以用在疾病治療上的研究，目前正在進行中，相關的研究則稱爲「RNA 製藥」。

和RNA 干擾類似，用「siRNA」來進行的「製藥研究」也在進行中。利用 RNA 最大的特徵，也就是將其鹼基序列（亦即A、G、C、U字母的順序）做各種不同變化，來合成不同的分子，並且可以輕易分解。

一旦製造出具有各種鹼基序列的大量 RNA，就可以從這些 RNA 中，找出可與造成病因的異常蛋白質強力結合的 RNA。將這些 RNA，利用「SELEX法（Systematic Evolution of Ligands by Exponential Enrichment，試管內篩選技術）」加以篩選，便可以得到治病效率更高的 RNA。由這種方式所得的 RNA 稱爲「RNA 核酸適體（aptamer）」。

大量 RNA 池
（～10^{14}）　→　SELEX 法　→　RNA 核酸適體　　阻斷導致疾病的元凶物！

　　由於 RNA 會因鹼基序列的不同而呈現各種形狀，如果利用大量生產的方式，是否能得到許多可對應疾病的 RNA 呢？依照這種想法，而製造 RNA 核酸適體藥劑，來治療相對應的疾病，並進入了人體試驗階段。

　　此外，由於 RNA 容易分解，用完後可輕易去除，因此也被認為副作用較小。RNA 究竟能否成為「夢幻藥劑」，可能就要看今後的研究進展而論定。

④ PCR 是怎樣的方法？

將基因擴增到肉眼可見的方法，稱爲「PCR（聚合酶連鎖反應）」（見 p.195）。在此再稍加詳述細節。

請回想一下，在第三章已經提過，複製 DNA 的蛋白質（酵素），稱爲「DNA 聚合酶（DNA polymerase）」。而 PCR，就是利用 DNA 聚合酶，連續地複製基因，2 倍變 4 倍，4 倍變 8 倍，8 倍變 16 倍……PCR 就是這樣擴增基因的一種方法。

PCR 最大的特徵，就是不論溫度高低變化，都可進行這樣的「連續複製」。因此，所使用的 DNA 聚合酶，就必須是不會隨溫度上升而失去活性的酵素。

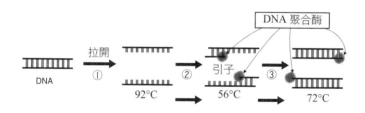

①在 92℃下，DNA 分解成單股 DNA。
②冷卻至 56℃，單股 DNA 與其相對應的引子相結合。（註：含不同序列的引子與單股 DNA 之間的結合溫度也會隨之不 同）
③在 72℃下，DNA 聚合酶進行 DNA 合成。
④再次昇溫至 92℃後，合成的雙股 DNA 會各自分離。重覆進行此一步驟。

通常，生物體內的蛋白質，如果溫度上升至 40℃～50℃，就會失去酵素的功用，也就是「去活化」。在熱得冒泡的溫泉中棲息的生物（這可是眞正存在的唷！），即使在那樣高溫的環境中，具有不會「去活化」且「正常」的蛋白質。

開發 PCR 的學者，最初就是注意到此溫度特性。他想，若依此方式使用生物的 DNA 聚合酶，就不用擔心溫度昇降造成去活性化，可以進行連續複製，成功完成「聚合酶連鎖反應」。

於是，控制溫度的昇降，可以快速擴增基因的 PCR 法，就這樣被發明出來了。發明者凱利·馬力斯（Karry Mullis），於 1993 年獲頒諾貝爾化學獎。控制溫度的昇降，可以在機器中設定程式控制溫度，接著把基因（DNA）、DNA 聚合酶、DNA 的原料核苷酸、DNA 聚合酶的發令者「引導子」，放進機器中，只須要等待數小時，就可以讓基因擴增（大量合成）了。

至於引導子，即 p.197 所學的、以限制酶處理的階梯狀「黏貼部位」。

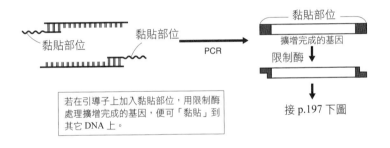

如「反轉錄 PCR（reverse transcription PCR; RT-PCR）」、「定量 PCR（quantification PCR; Q-PCR）」等技術，PCR 的延伸運用法，廣泛受到國際研究人員的使用。

5　選殖生物的製造法

我們的身體，是由受精卵開始的。受精卵經過一次又一次的複製分裂後，形成了由許多細胞構成的「胚」。不久，各司其職的各種細胞，便形成了我們的身體。所謂的胚如下圖所示，是從受精卵開始的個體發生初期狀態。

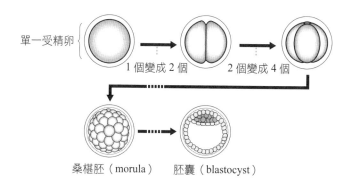

單一受精卵　1 個變成 2 個　2 個變成 4 個

桑椹胚（morula）　胚囊（blastocyst）

如果在細胞具備其功能之前，從雌性動物子宮取出胚，將胚細胞攪碎，取出細胞核，置入無核的未受精卵中，再放到雌性動物子宮內，用這個概念可以產生具有相同基因（基因組）的個體。目前，在畜產的世界中，已經以此法製造出「多個具相同基因的個體」，亦即殖株（參考 p.218 圖）。

這些殖株，會讓人覺得怪異，產生如科幻小說般的感受，為什麼會這樣呢？

從 1 個受精卵複製變成多個個體……是否有似曾相識的感受呢？沒錯，同卵雙生兒（雙胞胎），正是從 1 個受精卵所產生的兩個個體。將此方式運用在牛羊等家畜，由 1 個受精卵製造出大量牲畜個體。這樣誕生的殖株牛羊，每隻帶有的基因完全一樣，而不是父母親代牛羊的基因。應用在牲畜上，感覺就不會那麼怪異，也不會讓人有想皺眉的厭惡感吧！

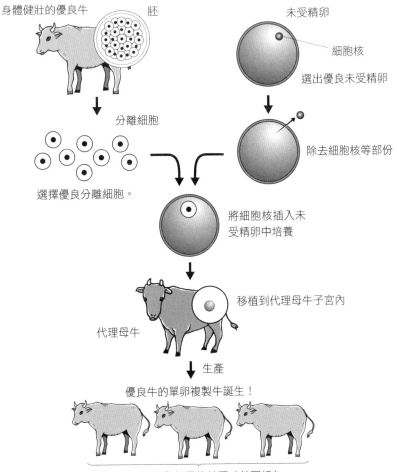

受精卵複製（克隆）牛的製造方法

身體健壯的優良牛　　　　胚　　　　　　　　　　未受精卵

細胞核

選出優良未受精卵

分離細胞

除去細胞核等部份

選擇優良分離細胞。

將細胞核插入未受精卵中培養

移植到代理母牛子宮內

代理母牛

生產

優良牛的單卵複製牛誕生！

複製牛具有完全相同的基因（基因組）

　　然而，1996 年人工製造的桃莉羊，則不是用此法得到。

　　在英國研究所誕生的桃莉羊，是從母羊的乳腺細胞（位於分泌乳汁的乳腺組織內的細胞），取出完整的細胞核，將未受精卵的細胞核取出，代換乳腺細胞的細胞核，結果得到全世界哺乳類動物的第一隻個體細胞複製羊（克隆羊）。

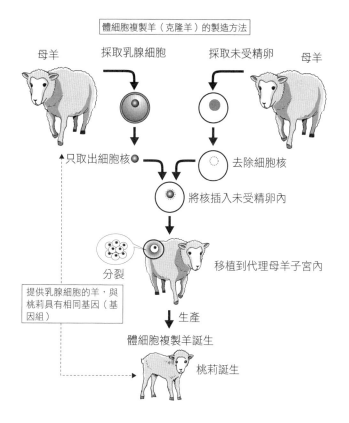

由於複製過程沒有公羊的參與，誕生的複製羊是和母羊具有完全相同基因（基因組）的複製羊。自此以後，牛和小鼠等動物，也陸續成功地製造出複製單株個體。

當然，基因組（或基因）即使完全相同，若養育方式不同，成長後會變成不一樣的個體。就像經常拿來當作例子的獨裁者希特勒，想要從他的身體細胞，生產出許多相同的獨裁者希特勒，這樣的可能性，其實是非常低的。只不過，雖說可能性低，但仍不無可能，因此這個研究成果自然引發了人心惶惶！

6 生物進化與人類的未來

❖ 生物進化由基因主宰

基因抽取技術的發展，使得生物進化的相關研究也得到大幅進展。

生物的進化，會受到生物所處環境、與其他生物的交互作用（會被誰吃？如何才不容易被吃等試誤學習因素）所影響。但最後還是要回到遺傳，將帶有設計圖的基因、DNA 中發生的變化，傳給後代，若非如此，恐怕生物進化就不會發生了。

DNA 的變化，也就是鹼基序列的變化。這是屬於自然界中發生的「突變（sudden mutation）」。有的是某基因的某鹼基序列發生改變的微細變化，也有的是較大 DNA 的部份，如染色體被替換的例子。以最極端的例子而言，僅僅 1 個鹼基（字母）的變化，也會造成某種蛋白質的改變，而一個蛋白質的改變，竟可能造成生物的進化。

像這樣，在生物進化中扮演重要角色的 DNA 鹼基序列變化，以及因而產生的蛋白質變化等，是屬於分子階層的變化，稱爲「分子進化」。

另外，生物與其他生物之間，在演化上的關係有多近？或者，某種生物的形成，有何種生物介入？諸如此類的問題，其實都可以藉由調查基因來證實。拿某段基因的鹼基序列，比較看看就可以知道，鹼基序列非常相似者，比不相似者，在演化上，具有較接近的關係。

由於分子生物學的誕生，生物演化的研究進入分子層面，因而有了明顯的躍進。因此，分子生物學，不只可以闡明生物具備的基本機制，也能在生物演化方面找尋研究脈絡。

❖ 未來的分子生物學

現在，分子生物學已成爲「基因組科學」，從生物具備的「基因組」，

也就是 DNA 所有鹼基序列開始研究，到生物的製造機制等，相關鉅細靡遺的研究，正進行著蓬勃的發展。RNA 研究，分子進化學，都是屬於基因組科學的一部份。

但是，考量到未來的社會，對進一步發展分子生物學的成果而言，還有一些重要的研究，概述如下。

2007 年，日本京都大學的研究團隊，成功地從人類皮膚製造出「**萬能細胞（totipotent cell）**」，這個新聞當初引發了熱烈迴響。

萬能細胞（正確說法為iPS細胞——人工誘導性多功能幹細胞（Induced Pluripotent Stem Cells），和受精卵一樣，iPS 細胞是將來可能變成任何身體組織的細胞。

胚胎幹細胞簡稱為 ES 細胞，除了從發生初期的「胚」取出以外，一向沒有其它來源。但是，京都大學的研究團隊，成功地用成人的皮膚細胞製出萬能細胞。

咦？萬能細胞為什麼這麼具有新聞性？

首先，因為用萬能細胞可能可以製造出所有的人體內臟器官。

其次，相對於從胚製成的幹細胞，使用未來會發育成人類的胚胎，在倫理上會遭到許多批判和反對，但使用成人的皮膚細胞製成的 iPS 細胞，則可完全避免倫理上的問題。

如果可以利用自己的皮膚細胞製造出萬能細胞的話，是不是也可以製造出人體組織甚至器官呢？譬如說，對重度心臟病患者，當然會期待，是否可能利用患者本身的細胞，製造出新的心臟，來進行器官移植治療呢？如此一來，就不會發生一般器官移植產生的排斥現象了吧！當然，光是期待，科學是無法向前邁進的，還有待今後持續而腳踏實地的努力。

萬能細胞是靠基因轉換技術，藉由將數種基因導入皮膚細胞而製造出來。果真是像以分子生物學的成果為基礎的研究。這類使生物體產生新組織與再生的技術，或是研究再生技術的基礎學問領域，稱為「再生醫學」或「組織工程學」。

分子生物學包含了從基礎的學問研究到人類未來社會等面向，真可說是一門隱藏了許多可能性的學問。

❖ 終曲

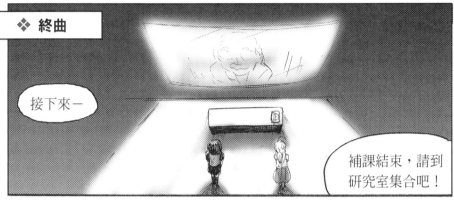

接下來—

補課結束，請到研究室集合吧！

咦！？

閃亮…

啪！

小輝老師！

辛苦兩位了。

毛呂教授呢？

……

222

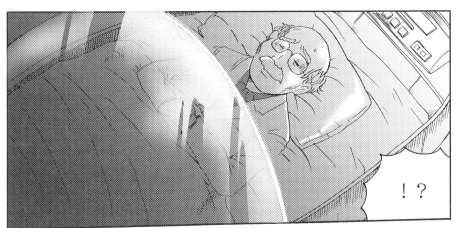

沒什麼，只是得了不治之症。

呃…

什麼嘛，原來是不治之…

不治之症！？

大 受 打 擊

現在的醫學已經束手無策，博士的生命只剩兩個月…

怎…怎麼會…

不是說不嚴重的嗎！

雖說是不治之症，那也是就現代而言！

224

在未來的世界中，一定會變成可治之症！

！？

這是毛呂博士發明的低溫睡眠機。

博士要利用這臺機器，在治療法發現之前，進行人工冬眠。

未來眞的可以治療嗎？

這個──也不知道。

……　　……　一定沒問題的啦！門
後先生，差不多可以
讓我睡了吧！

是…是的！

喀嚓　喀嚓　喀嚓　喀嚓　喀嚓　喀嚓

但是，教授…爲
什麼在這種時
候，爲了我們辦
這次補課…

不是哦～我是爲
了自己喔！

？

喀嚓　喀嚓　喀嚓

能夠開發出治療法的人，必然是妳們這些年輕的世代－

所以，一個也不能放過呀！這是爲了我自己啊！

博士……又在說這種話…

教授是個彆扭老頭！

嗚哇！

得了不治的症，根本就不該在這時候…

準備了這麼…這麼…快樂的補課，哪是爲了自己啊！

……

我—

227

參考文獻

本書於編寫期間，參考了許多日文及英文文獻，此處謹介紹書店中較易購得的日文書籍。

● 沃特『生物化學・第3版』田宮信雄等人譯，（東京化學同人）2005
● 江島洋介『只想知道這些 圖解 分子生物學』（Ohm社）2005
● 耶斯皮納斯『羅伯特・虎克』橫家恭介譯（㟁文社）1999
● 坂本順司『從基因組開始的生物學』（培風館）2003
● 武村政春『解讀DNA複製的謎』（講談社藍皮書）2005
● 武村政春『生命的中心法則』（講談社藍皮書）2007
● 布朗『基因組 2』杜松正實監譯，（Medical Science International）2003
● 布萊克『微生物學・第2版』林英生等譯，（丸善）2007
● 柳田充弘『DNA學導論』（講談社藍皮書）1984
● 羅迪胥等『分子細胞生物學・第2版』石浦章一等譯（東京化學同人）2005
● 華生等『DNA』（上、下）青木薰譯，（講談社藍皮書）2005

索　引

十二～十三劃

十四劃以上

國家圖書館出版品預行編目資料

世界第一簡單分子生物學／武村政春作；連程翔
譯. -- 初版. -- 新北市新店區：世茂，
2011. 1
面； 公分. -- （科學視界；106）
ISBN 978-986-6363-90-0（平裝）

1. 分子生物學

361.5　　　　　　　　　　　　99022356

科學視界 106

世界第一簡單分子生物學

作　　　者／武村政春
審　　　訂／張俊哲
譯　　　者／連程翔
主　　　編／簡玉芬
責任編輯／陳文君
美術編輯／楊永立
漫　　　畫／咲良
製　　　圖／BECOM
出　版　者／世茂出版有限公司
負　責　人／簡泰雄
地　　　址／（231）新北市新店區民生路 19 號 5 樓
電　　　話／（02）2218-3277
傳　　　真／（02）2218-3239（訂書專線）
　　　　　　（02）2218-7539
劃撥帳號／19911841
戶　　　名／世茂出版有限公司
　　　　　　單次郵購總金額未滿 500 元（含），請加 50 元掛號費
酷 書 網／www.coolbooks.com.tw
排版製版／辰皓國際出版製作有限公司
印　　　刷／世和彩色印刷公司
初版一刷／2011 年 1 月
　　四刷／2019 年 7 月

ISBN ／ 978-986-6363-90-0
定　　　價／ 300 元

讀者回函卡

感謝您購買本書，為了提供您更好的服務，歡迎填妥以下資料並寄回，
我們將定期寄給您最新書訊、優惠通知及活動消息。當然您也可以E-mail：
service@coolbooks.com.tw，提供我們寶貴的建議。

您的資料（請以正楷填寫清楚）

購買書名：＿＿＿＿＿＿＿＿＿＿＿＿＿＿＿＿＿＿＿＿

姓名：＿＿＿＿＿＿＿　生日：＿＿＿年＿＿月＿＿日

性別：□男 □女　　E-mail：＿＿＿＿＿＿＿＿＿＿＿＿

住址：□□□＿＿＿縣市＿＿＿＿鄉鎮市區＿＿＿＿路街
　　　　＿＿段＿＿＿巷＿＿＿弄＿＿＿號＿＿＿樓

　　　聯絡電話：＿＿＿＿＿＿＿＿＿＿＿＿＿

職業：□傳播 □資訊 □商 □工 □軍公教 □學生 □其他：＿＿＿

學歷：□碩士以上 □大學 □專科 □高中 □國中以下

購買地點：□書店 □網路書店 □便利商店 □量販店 □其他：＿＿＿

購買此書原因：＿＿ ＿＿ ＿＿ ＿＿（請按優先順序填寫）
1封面設計　2價格　3內容　4親友介紹　5廣告宣傳　6其他：＿＿＿

本書評價：＿＿ 封面設計 1非常滿意 2滿意　3普通　4應改進
　　　　　＿＿ 內　　容 1非常滿意 2滿意　3普通　4應改進
　　　　　＿＿ 編　　輯 1非常滿意 2滿意　3普通　4應改進
　　　　　＿＿ 校　　對 1非常滿意 2滿意　3普通　4應改進
　　　　　＿＿ 定　　價 1非常滿意 2滿意　3普通　4應改進

給我們的建議：＿＿＿＿＿＿＿＿＿＿＿＿＿＿＿＿＿＿
＿＿＿＿＿＿＿＿＿＿＿＿＿＿＿＿＿＿＿＿＿＿＿＿＿＿
＿＿＿＿＿＿＿＿＿＿＿＿＿＿＿＿＿＿＿＿＿＿＿＿＿＿

傳真：(02) 22187539
電話：(02) 22183277

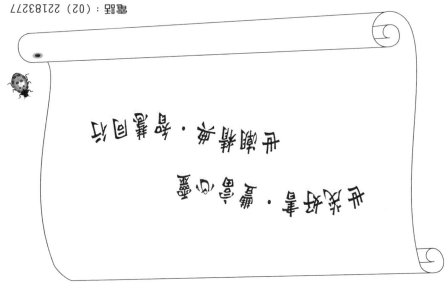

生活智慧·掌握未來

廣告回函
北區郵政管理局登記證
北台字第9702號
免貼郵票

231新北市新店區民生路19號5樓

世茂
世潮 出版有限公司 收
智富